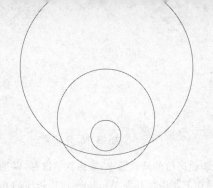

U0581065

二十一世纪计算机科学与技术实践型教程

崔艳春　主编
高云　夏平　副主编

C#程序设计项目化教程

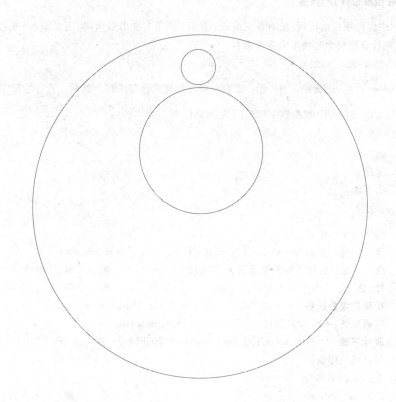

丛书主编　陈明

清华大学出版社
北京

内 容 简 介

本书针对软件技术专业职业岗位的从业需求,重构教学内容,以"学生成绩管理系统"真实项目开发过程为主线,引导学生掌握使用 C♯ 语言开发 Windows 应用程序的方法和技能,达到学以致用的目标。本书分为 C♯ 基础知识、学生成绩管理系统开发和 C♯ 其他技术扩展三个部分,以完成"学生成绩管理系统"为工作任务,每章实现系统的一个功能,先呈现工作任务的完成效果,再进行知识准备,最后给出具体实现步骤,完成工作任务。

本书切合实际,结构合理,内容丰富,操作方便,各章配有精心设计的习题,并为任课教师提供免费的电子课件和源代码。

本书可以作为应用型本科和高等职业教育计算机及相关专业的教材,也可作为软件开发人员参考用书,还可用于读者自学。

本书封面贴有清华大学出版社防伪标签,无标签者不得销售。

版权所有,侵权必究。侵权举报电话:010-62782989   13701121933

图书在版编目(CIP)数据

C♯程序设计项目化教程/崔艳春主编. —北京:清华大学出版社,2016(2019.6 重印)
21 世纪计算机科学与技术实践型教程
ISBN 978-7-302-42822-0

Ⅰ. ①C… Ⅱ. ①崔… Ⅲ. ①C 语言—程序设计—高等学校—教材 Ⅳ. ①TP312

中国版本图书馆 CIP 数据核字(2016)第 028517 号

责任编辑:谢 琛
封面设计:傅瑞学
责任校对:梁 毅
责任印制:李红英

出版发行:清华大学出版社
　　　　　网　　　址:http://www.tup.com.cn,http://www.wqbook.com
　　　　　地　　　址:北京清华大学学研大厦 A 座　　　　　邮　　编:100084
　　　　　社 总 机:010-62770175　　　　　邮　　购:010-62786544
　　　　　投稿与读者服务:010-62776969,c-service@tup.tsinghua.edu.cn
　　　　　质量反馈:010-62772015,zhiliang@tup.tsinghua.edu.cn
　　　　　课件下载:http://www.tup.com.cn,010-62795954
印 装 者:北京国马印刷厂
经　　　销:全国新华书店
开　　　本:185mm×260mm　　　　印　　张:14.5　　　　字　　数:359 千字
版　　　次:2016 年 6 月第 1 版　　　　印　　次:2019 年 6 月第 3 次印刷
定　　　价:29.50 元

产品编号:068622-01

《21 世纪计算机科学与技术实践型教程》

编辑委员会

主　　任：陈　明

委　　员：毛国君　　白中英　　叶新铭　　刘淑芬　　刘书家

　　　　　汤　庸　　何炎祥　　陈永义　　罗四维　　段友祥

　　　　　高维东　　郭　禾　　姚　琳　　崔武子　　曹元大

　　　　　谢树煜　　焦金生　　韩江洪

策划编辑：谢　琛

《21 世纪计算机科学与技术实践型教程》

序

    21 世纪影响世界的三大关键技术：以计算机和网络为代表的信息技术；以基因工程为代表的生命科学和生物技术；以纳米技术为代表的新型材料技术。信息技术居三大关键技术之首。国民经济的发展采取信息化带动现代化的方针，要求在所有领域中迅速推广信息技术，导致需要大量的计算机科学与技术领域的优秀人才。

    计算机科学与技术的广泛应用是计算机学科发展的原动力，计算机科学是一门应用科学。因此，计算机学科的优秀人才不仅应具有坚实的科学理论基础，而且更重要的是能将理论与实践相结合，并具有解决实际问题的能力。培养计算机科学与技术的优秀人才是社会的需要、国民经济发展的需要。

    制订科学的教学计划对于培养计算机科学与技术人才十分重要，而教材的选择是实施教学计划的一个重要组成部分，《21 世纪计算机科学与技术实践型教程》主要考虑了下述两方面。

    一方面，高等学校的计算机科学与技术专业的学生，在学习了基本的必修课和部分选修课程之后，立刻进行计算机应用系统的软件和硬件开发与应用尚存在一些困难，而《21 世纪计算机科学与技术实践型教程》就是为了填补这部分空白。将理论与实际联系起来，使学生不仅学会了计算机科学理论，而且也学会了应用这些理论解决实际问题。

    另一方面，计算机科学与技术专业的课程内容需要经过实践练习，才能深刻理解和掌握。因此，本套教材增强了实践性、应用性和可理解性，并在体例上做了改进——使用案例说明。

    实践型教学占有重要的位置，不仅体现了理论和实践紧密结合的学科特征，而且对于提高学生的综合素质，培养学生的创新精神与实践能力有特殊的作用。因此，研究和撰写实践型教材是必需的，也是十分重要的任务。优秀的教材是保证高水平教学的重要因素，选择水平高、内容新、实践性强的教材可以促进课堂教学质量的快速提升。在教学中，应用实践型教材可以增强学生的认知能力、创新能力、实践能力以及团队协作和交流表达能力。

    实践型教材应由教学经验丰富、实际应用经验丰富的教师撰写。此系列教材的作者不但从事多年的计算机教学，而且参加并完成了多项计算机类的科研项目，他们把积累的经验、知识、智慧、素质融于教材中，奉献给计算机科学与技术的教学。

    我们在组织本系列教材过程中，虽然经过了详细的思考和讨论，但毕竟是初步的尝试，不完善甚至缺陷不可避免，敬请读者指正。

本系列教材主编   陈明

2005 年 1 月于北京

前　言

微软公司的 Microsoft . NET 改变了开发人员开发应用程序的方式及思维方式，有利于创建各种全新的应用程序。C♯是微软公司基于. NET 平台推出的新一代编程语言，其功能强大、简洁明快，使程序设计工作变得轻松快捷，因而成为众多程序员的首选编程语言，在各个领域都得到了广泛的应用。

本书特色

本书不是 C♯基本语法教程，而是一本软件开发教程，以"项目主导，任务驱动"的模式讲解真实项目"学生成绩管理系统"的开发过程。每章按照"布置任务→知识准备→实现功能"的体系结构完成，让读者掌握使用 C♯的一些关键技术，掌握应用软件开发中的常用技术与方法。

本书主要内容

第 1 章 Visual C♯简介。通过该部分的学习，可了解 C♯发展历程和. NET Framework、C♯语言，会安装和卸载 Visual Studio. NET 2012，熟悉 Visual Studio. NET 2012 开发环境，能创建第一个 Windows 应用程序，为后面学习做好准备。

第 2 章基础知识积累。通过该部分的学习，读者应掌握 C♯基本语法，包括数据类型、变量、常量、表达式、运算符、程序流程控制、面向对象等基本概念。

第 3 章学生成绩管理系统介绍。通过该部分的学习，读者应了解软件开发的过程（需求分析、总体设计、数据库设计、模块设计、调试运行等），熟悉学生成绩管理系统数据库结构以及需要实现的主要功能模块。

第 4 章启动窗体设计。通过该部分的学习，读者应掌握 Form 窗体、Label 控件、LinkLabel 控件、TextBox 控件的使用方法，理解多窗体项目的创建方法，理解线程的基本操作，根据具体步骤完成启动窗体设计。

第 5 章学生登录功能设计。通过该部分的学习，读者应掌握 ListBox 控件、ComboBox 控件、消息框的使用方法，理解 ADO. NET 访问数据库理念，掌握 ADO. NET 访问数据的基本方法，根据具体步骤完成学生登录功能。

第 6 章学生主窗体设计。通过该部分的学习，读者应掌握菜单栏、工具栏、任务栏、Timer 控件的使用方法，理解属性概念，会自定义属性，根据具体步骤完成学生主窗体设计。

第 7 章修改学生密码功能设计。通过该部分的学习,读者应理解并掌握数组的定义方法和引用方法,掌握字符与字符串的使用方法,理解异常概念,会根据实际情况处理程序出现的异常,根据具体步骤完成修改学生密码功能。

第 8 章修改学生信息功能设计。通过该部分的学习,读者应掌握 RadioButton 控件、CheckBox 控件的使用方法,理解 DataSet 数据集概念,掌握使用数据集断开式访问数据库的方法,学会根据具体步骤修改学生信息功能。

第 9 章教师查询教授课程功能设计。通过该部分的学习,读者应掌握 DataGridView 控件的使用方法,理解调用存储过程访问数据库理念,掌握存储过程访问数据库方法,学会根据具体步骤完成教师查询教授课程功能。

第 10 章教师录入成绩功能设计。通过该部分的学习,读者应掌握 DataGridView 控件的高级应用,学会根据具体步骤完成教师录入成绩功能。

第 11 章学生查询成绩功能设计。通过该部分的学习,读者应学会根据具体步骤完成学生查询成绩功能。

第 12 章 Windows 应用程序的部署。通过该部分的学习,读者应理解部署情况、掌握部署策略,学会根据具体步骤完成学生成绩管理系统的部署工作。

第 13 章 Web 应用程序基础。通过该部分的学习,读者应了解 Web 应用程序特点,掌握 IIS 的用法及发布网站的方法,学会创建简单的 Web 应用程序并发布。

第 14 章其他技术。通过该部分的学习,读者应理解 GDI＋绘图类、文件与流的概念,会使用 GDI＋绘图技术绘制图像,会使用流完成程序与文件、内存之间的数据传输。

读者对象

本书可以作为应用型本科和高等职业教育计算机及相关专业的教材,也可作为软件开发人员参考用书,还可用于读者自学。

本书由崔艳春任主编,高云、夏平任副主编,其中第 1、2 章由夏平编写,第 3～11 章由崔艳春编写,第 12～14 章由高云编写,由崔艳春负责统稿。

限于作者水平,书中难免存在不当之处,恳请广大读者批评指正。

作　者
2015 年 11 月

目　　录

第 1 章　Visual C♯ 简介

本章要点

- ➢ Visual C♯ 语言介绍。
- ➢ . NET Framework 的基本概念。
- ➢ Visual Studio. NET 开发环境介绍。

学习目标

- • 了解 C♯ 语言发展历程和特点。
- • 掌握. NET Framework 的基本概念。
- • 掌握创建一个 Visual C♯ Windows 应用程序的步骤。

1.1　Visual C♯ 概述

1.1.1　C♯ 语言发展历程

C♯(读作 C sharp)发布于 2000 年 6 月,是微软公司主导的一种编程语言,是面向对象的、运行于. NET Framework 之上的高级程序设计语言。

C♯是由 C 和 C++ 衍生出来的,与 Java 程序设计语言看起来非常相似,但也有着显著的不同,C♯与 COM(组件对象模型)是直接集成的,它是微软公司在. NET 框架的中主推的一种编程语言。

C♯可以说融合了微软公司曾经主导过的很多编程语言的特点,它继承了 C 和 C++ 强大功能的同时去掉了一些复杂特性(没有宏,也不允许多重继承),具备了 VB 简单的可视化操作和 C++ 的高运行效率,基于以上特点,习惯使用 C、C++ 、VB 甚至 Java 的程序员都可以很容易地转向 C♯开发,并能在其中找寻到自己喜欢的特性。

自 C♯语言发布以来,微软公司不断地更新 C♯语言的版本,每次升级都能带来让人们眼前一亮的新特性,简而言之,C♯语言变得越来越出色,也更加的好用了。表 1-1 列出了 C♯每个版本和对应的 . NET Framework 版本。

表 1-1　C♯版本发展历程

时　间	C♯版本	平台版本	集成开发工具
2003.4	C♯ 语言规范 1.2	. NET Framework 1.1	Visual Studio . NET 2003
2005.11	C♯ 语言规范 2.0	. NET Framework 2.0	Visual Studio . NET 2005

续表

时　间	C#版本	平台版本	集成开发工具
2006.11	C♯语言规范2.0	.NET Framework 3.0	Visual Studio .NET 2005
2007.8	C♯语言规范3.0	.NET Framework 3.0	Visual Studio .NET 2005
2007.11	C♯语言规范3.0	.NET Framework 3.5	Visual Studio .NET 2008
2010.4	C♯语言规范4.0	.NET Framework 4.0	Visual Studio .NET 2010
2012.8	C♯语言规范5.0	.NET Framework 4.5	Visual Studio .NET 2012

1.1.2　C♯语言特性

C♯是一种高级编程语言,专门用于微软的.NET Framework平台。C♯具有简单、功能强大、类型安全,面向对象等特性。在微软的Visual Studio集成开发环境中,C♯与Visual Basic、C++等开发语言被集成到一起,并以统一的用户界面和安全机制为开发人员提供服务。C♯允许开发人员开发面向Windows、Web和移动设备的程序。

1. 简单

C♯继承了C和C++的优点,并在此基础上进行了改善,使语言更加简单。C♯同时也改进了其他编程语言(例如C++和Java)中的一些复杂性和缺陷,例如,C♯中摒弃了C++中功能强大但危机四伏的指针,这使得程序员能有效地减少开发过程中的致命错误。

2. 面向对象

C♯具有面向对象程序设计语言所有的一切特性:继承、封装和多态,C♯面向对象开发有.NET底层类库的支持,可以很轻松地创建各种类型的对象。

3. 类型安全

类型安全是编写代码优先考虑的问题,以前的C/C++程序员在编程时必须小心谨慎对待这些问题,编程时压力很大。而C♯默认能够提供类型安全机制,可以避免一些常见的类型问题,这样程序员可以把注意力集中到一些更重要的地方,比如说商业逻辑。

4. 与Web紧密结合

XML是一种最流行的网络中结构化数据传送的标准,C♯对XML提供了很好的支持,可以轻松地创建XML,也可以将XML数据应用到程序中,程序员能够利用简单的C♯语言方便地开发XML Web Service,有效地处理网络中的各种数据。C♯通过内置的服务,使组件可以转化为XML网络服务,这样就可以被其他应用程序调用,实现一次创造、重复利用的高效开发模式。由于XML技术真正融入到.NET之中,C♯的编程变成了真正意义的网络编程。

5. 基于.NET Framework

.NET Framework是一个强大的体系,它为用C♯编写的应用程序提供了安全性保障和错误处理机制,另外,在.NET框架中,C♯可以自由地和其他语言(VB、J♯等)进行转换。

6. 支持跨平台

随着 Internet 应用程序的普及,开发人员所设计的应用程序必须具有强大的跨平台性。C♯编写的应用程序具有这种跨平台特性,它包括了 C♯ 程序可以运行在不同类型的客户端上,比如 PDA、手机等非 PC 设备。

1.2　.NET Framework

Microsoft.NET Framework 是用于 Windows 平台的托管代码编程模型,主要由.NET Framework 和 Visual Studio.NET 开发工具组成。

.NET Framework 是微软主推的应用程序开发框架,该框架提供跨平台和跨语言的特性,C♯是其主要的开发语言。它包含了操作系统上软件开发的所有层,简化了在高度分布式网络环境中的应用开发。使用.NET Framework,配合微软公司推出的 Visual Studio 集成开发环境,开发人员可以比以往更轻松地创建出功能强大的应用程序。

.NET Framework 主要包括两个最基本的内核,即由公共语言运行时(Common Language Runtime,CLR)和.NET Framework 基本类库,它们为.NET 平台的实现提供了底层技术支持。

1. 公共语言运行时

公共语言运行时(见图 1-1)是所有.NET 应用程序运行时环境,是所有.NET 应用程序都要使用的编程基础。所有.NET 语言(比如 C♯、VB 等)公用的执行期组件、公共语言类型库提供了很多用来简化代码开发和应用程序部署的服务,同时在可靠性和安全性方面也提供了大量的服务。它为在其上的应用层提供统一的底层进程和线程管理、内存管理、安全管理、代码验证和编译以及其他的系统服务。

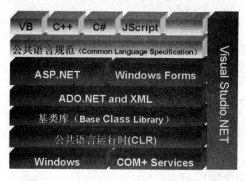

图 1-1　.NET Framework 体系结构图

2. .NET Framework 类库

.NET Framework 类库,也叫框架类库(Framework Class Library,FCL),提供在 Windows 平台上开发 Windows 应用程序所需的几乎所有常见的功能的类库,包括重新以组件的方式写成的 ASP.NET。这些基础类库可以为任何一种基于.NET 的编程语言使用,而且在此基础上可以实现代码级的重用。.NET Framework 以命名空间的形式组织类库中的类,具有相似或关联功能的类被组织到一个特定的命名空间中,如 System、System.IO、System.Collections、System.Data、System.Xml 等,这些命名空间包含了与系统、系统输入输出、集合、数据以及 XML 等操作相关的类,编程时可以通过引用这些命名空间来使用相关类。

.NET Framework 的体系结构如图 1-1 所示。

从图 1-1 中可以看出,.NET Framework 安装在 Windows 之上,支持如 C♯、VB.NET 、VC++.NET等开发语言,也就是所谓的跨语言开发。

简单地说,.NET Framework 就是一个创建、部署和运行应用程序的多语言多平台环境,包含了一个庞大的代码库,各种.NET 语言都可以共用这些代码库。

.NET 框架非常强大,主要体现在以下几个方面:

- 提供了一个面向对象的编程环境,完全支持面向对象编程。提高软件的可复用性、可扩展性、可维护性、灵活性;
- 提供对 Web 应用的强大支持,充分满足网络应用程序开发需求;
- 提供对 Web Service(Web 服务)的支持,Web Service 是.NET 非常重要的内容。

在实际使用中,可以在 Windows 系统上单独安装.NET Framework 组件(单独安装模式一般是用于部署.NET 开发的应用),也可以与集成开发环境 Visual Studio 一起安装。Visual Studio 是一个著名的集成开发环境,使用它与.NET 框架配合,能够方便快捷地开发出多种.NET 应用程序,还可以进行测试、版本控制、Team 开发和部署等。

1.3 安装与卸载 Visual Studio.NET 2012

微软公司于 2012 年 9 月 12 日在西雅图发布 Visual Studio 2012,其默认对应的.NET Framework 版本为 4.5(.NET Framework 4.5 于 2012 年 8 月发布),Visual Studio 2012 与以往版本相比有很多显著的变化,主要包括对 Windows 8 应用开发的全面支持、对 JavaScript 支持大大加强、部分 Windows Phone 8 开发功能、企业应用开发对桌面和云部署的支持、游戏和 3D 应用开发等。

1.3.1 系统必备

Visual Studio 2012 有两大类版本类型,收费版本和免费版本。收费版本主要包括 Visual Studio Ultimate 2012(旗舰版)、Visual Studio Premium 2012(高级版)、Visual Studio Premium 2012(专业版)、Visual Studio Test Professional 2012(测试专业版);免费版本主要是针对学生和初学者使用,包含不同平台的若干种版本,比如 Visual Studio Express 2012 for Web (针对 Web 开发者)、Visual Studio Express 2012 for Windows 8 (针对 Windows UI(Metro)应用程序的开发者)、Visual Studio Express 2012 for Windows Desktop (针对传统 Windows 桌面应用开发者)、Visual Studio Express 2012 for Windows Phone (针对 Windows Phone 应用的开发者)。

在所有版本中，Visual Studio Ultimate 2012（旗舰版）对系统环境要求最高，其安装条件为：

1. 支持的操作系统

- Windows 7(x86 和 x64)；
- Windows 8 Release Preview 或更高版本(x86 和 x64)；
- Windows Server 2008(x64)；
- Windows Server 2012(x64)。

2. 硬件要求

- 1.6GHz 或更快的处理器；
- 1GB RAM(如果在虚拟机上运行，则为 1.5 GB)；
- 10GB 的可用硬盘空间；
- 以 1024×768 或更高显示分辨率运行的支持 DirectX 9 的视频卡。

3. 安装注意事项

- 操作系统尽可能打好所有的补丁；
- 如果开发环境需要用到数据库 SQL Server，最好先把它安装好，然后再安装 Visual Studio 2012。

1.3.2　安装 Visual Studio. NET 2012

安装前需要先准备安装文件，安装文件可以从微软官网下载，也可以使用光盘镜像 ISO 文件。

打开安装包，单击"vs_ultimate. exe"运行，出现如图 1-2 所示的界面，安装路径使用默认或自己选择，勾选"我同意许可条款和条件"，第二个选项可以不勾选，然后单击【下一步】按钮。

图 1-2　Visual Studio. NET 2012 安装选项

接下来出现的界面是安装选择功能,如图 1-3 所示,依据自己的需求进行选择,也可以选择"全选",然后单击【安装】按钮。

图 1-3　选择安装项

接下来是进行安装的界面,非常漫长的等待,如图 1-4 所示。

图 1-4　安装过程界面

在安装过程中,可能会要求系统重启一次,如图 1-5 所示。

图 1-5 要求系统重启界面

经过长时间的安装过程后,待系统安装成功界面出来的时候,可以直接单击【启动】按钮进入程序,如图 1-6 所示。

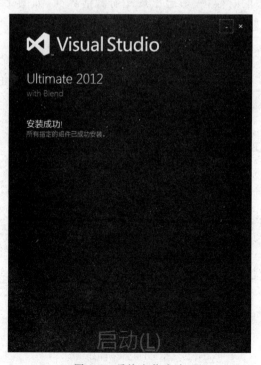

图 1-6 系统安装成功

系统启动时出现的界面为版权声明,如图 1-7 所示。

图 1-7　系统启动

在第一次进入程序的时候,一般会出现注册激活界面,如图 1-8 所示,需要输入获取的密钥进行联网激活,如果不激活,将是一个 30 天的试用版。

图 1-8　系统注册

接下来首次进入系统的时候，会要求你进行默认环境设置，即选择你从事最多的开发类型，如图 1-9 所示。所有的功能设置好后，即可进入主界面了。

图 1-9　默认环境设置

1.3.3　卸载 Visual Studio. NET 2012

卸载 Visual Studio 2012 的时候，最好是通过【控制面板】→【卸载程序】功能进行卸载，如图 1-10 所示，当然，像这样庞大复杂的系统进行卸载也是很费时的事情，而且有的

图 1-10　卸载选项

时候还会卸载不干净,所以卸载后需要进行一次系统清理。

在对应的卸载项上单击右键,选择【更改】选项,接下来会调用 Visual Studio 2012 自身的卸载界面,会有三个选择项,分别是【修改】、【修复】和【卸载】,如图 1-11 所示,选择【卸载】项后按向导进行卸载即可。

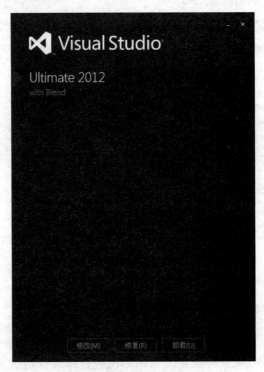

图 1-11　卸载界面

1.4　Visual Studio.NET 开发环境介绍

1.4.1　Visual Studio 界面

启动 Visual Studio 2012 后,出现【起始页】窗口,如图 1-12 所示。该窗口具有菜单栏、工具栏,然后是一些自动停靠的窗体。从中可以轻松地访问或创建项目、了解未来的产品版本和会议,或者阅读最新的开发文章。

1.4.2　菜单栏

菜单栏位于开发界面的顶端,C♯主菜单为用户提供了开发、调试以及管理应用程序开发的各个功能和各种工具。

(1)【文件】菜单:包括新建、打开、保存、导出、源代码管理等命令,和普通的软件菜单类似。

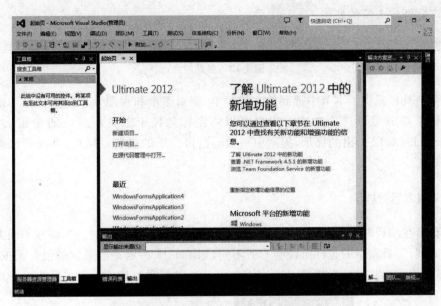

图 1-12　Visual Studio 2012 起始页

（2）【编辑】菜单：包括常用的剪切、复制、粘贴、查找、删除、替换等命令。

（3）【视图】菜单：视图从整体上对开发界面进行布局，包括一些常用的功能窗口的调出。此菜单比较重要，合理安排开发界面的布局一定程度上能使程序员提高开发效率。通过此菜单的设置，显示一些错误提示窗口和资源管理器窗口，这样开发人员就可以直观地了解程序的错误，以及程序所包括的所有文件。

（4）【项目】菜单：该菜单用于管理项目的文件、编译项目和进行项目设置。

（5）【生成】菜单：用于对整个项目进行编译、发布和发布配置。待项目开发完毕，可借助此菜单实现项目的编译和打包。

（6）【调试】菜单：该菜单用于执行、调试、判断代码，可以在代码中设置断点查看程序运行过程中变量的中间结果。此菜单是开发人员常用而且必须了解的菜单。

（7）【团队】菜单：连接团队合作开发服务器，用于团队开发项目。

（8）【测试】菜单：里面带有一些功能选项，用于所开发项目的测试。

（9）【体系结构】菜单：可以生成或建立项目中的依赖关系的 UML 图，用于描述项目中各元素的体系结构。

（10）【分析】菜单：提供各种分析工具，帮助开发人员检查代码。

（11）【窗口】菜单：该菜单用于进行窗口的布局操作，如隐藏、浮动、拆分等。

（12）【帮助】菜单：该菜单用于寻求 C♯ 帮助、查询关键字，包含.NET 的说明文件。

1.4.3　工具栏

工具栏，如图 1-13 所示，提供了常用的功能按钮。熟练使用工具栏可以节省工作时间，提高工作效率。同菜单栏一样，Visual Studio 2012 的工具栏也是动态变化的。随着文件的不同，工具栏也不尽相同。工具栏的内容还可以根据个人的使用习惯进行自定义，以方便不同开发人员的使用。

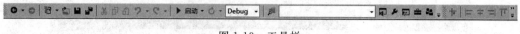

图 1-13 工具栏

这个工具栏提供了本节中提到的文件菜单、编辑菜单和视图菜单中的部分功能。另外还提供了部分编译选项功能。用户可以将光标悬停于工具栏相应的按钮上，观察 Visual Studio 2012 给出的提示，提示中一般会给出简单的说明，可以协助读者快速熟悉相应的功能。

1.4.4　工具箱

工具箱在编程时用得非常多，其中预置了开发环境提供的常用控件，编写不同类型的程序的时候，工具箱中的控件可能会有所不同，如图 1-14 所示。但通常都包含了按钮、文本框、下拉列表、列表框、标签等。Visual Studio 2012 提供的控件一般可分为以下几类。

图 1-14　窗体程序和网站程序工具箱

（1）Windows 窗体：包含创建普通 Windows 窗体所需的所有标准组件，包括按钮、文本框、状态栏、标签、分割条等。

（2）容器：可以包装其他控件的控件，如 Panel、TabControl 等。

（3）菜单和工具栏：设计窗体布局的一些复杂控件，可实现 Windows 窗体中的菜单和工具条。

（4）数据：包含数据显示控件和数据源配置控件。

（5）组件：最复杂的一种控件，包含事件日志管理、进程管理、目录管理等。

（6）对话框：Windows 中常见的一些对话框，如颜色选择对话框、文件打开和保存对话框等。

1.4.5　代码编辑器

通过代码编辑器可以查看到应用程序包含的所有代码，代码编辑器也是用户编写源代码的地方。默认情况下它是一般是隐藏的，显示代码编辑器的方法有多种，比较常用的有：

（1）直接双击窗体或窗体中的控件；

（2）右击窗体或窗体中的控件，选择【查看代码】菜单项；

（3）选择【视图】→【代码】命令。

激活后的代码编辑器如图 1-15 所示。

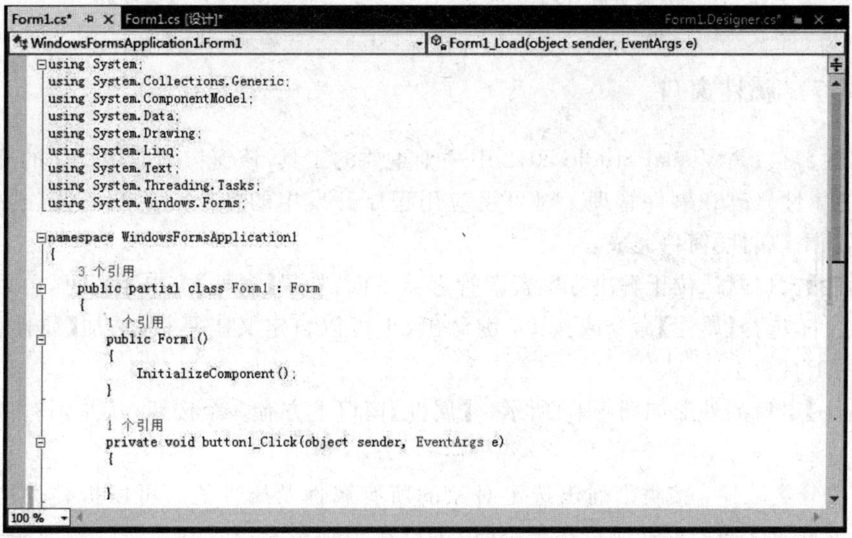

图 1-15　代码编辑器

代码编辑器上面有一排选项卡，用户可以通过单击各选项卡在不同的功能区之间进行切换。同时可以看到，选项卡中的文件名后面有一个 *，这表示该文件经过了修改，但没有被保存，可以使用【文件】→【全部保存】菜单项保存，或者编译程序也会自动保存，保存成功后 * 会消失。

1.4.6　解决方案资源管理器

【解决方案资源管理器】窗口提供整个解决方案的图形视图。创建项目时，Visual Studio 会创建一个用以包含该项目的解决方案。然后，可以根据需要将其他项目添加到该解决方案中,解决方案便可以集中组织设计、开发和部署应用程序或组件所需的所有项目和文件。若要访问解决方案资源管理器,可选择【视图】→【解决方案资源管理器】命令,结果如图 1-16 所示。

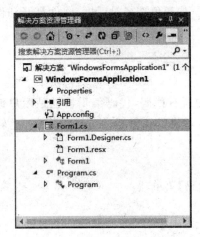

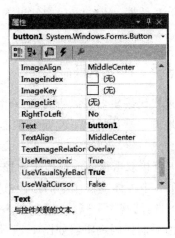

图 1-16 解决方案资源管理器   图 1-17 【属性】窗口

1.4.7 属性窗口

【属性】窗口是 Visual Studio 2012 中一个重要的工具,该窗口为应用程序的开发提供了简单的属性修改和事件管理。对可视应用程序开发中的各个对象的属性(或事件)设置,都可以由【属性】窗口完成。

【属性】窗口默认位于解决方案资源管理器下面,如果【属性】窗口不可见,可用鼠标右击某个控件,选择【属性】命令或按 F4 键调出,也可以自定义工具栏,添加【属性窗口】按钮到常用工具栏上。

【属性】窗口的外形如图 1-17 所示。【属性】窗口上方有 5 个按钮,从左到右依次介绍如下。

- 按分类顺序:按类别列出选定对象的所有属性及属性值。可以折叠类别以减少可见属性数。展开或折叠类别时,可以在类别名左边看到加号(+)或减号(-)。类别按字母顺序列出。
- 按字母顺序:按字母顺序对选定对象的属性和事件进行排序。若要编辑可用的属性,可在它右边的单元格中单击并输入更改内容。
- 属性:显示对象的属性。很多对象也有可以使用【属性】窗口查看的事件。
- 事件:显示对象的事件。此【属性】窗口工具栏控件仅当窗体或控件设计器在一个 Visual C# 项目的上下文中处于活动状态时才可用。
- 属性页:显示选定项的【属性页】对话框。【属性页】显示【属性】窗口中的可用属性的子集、同集或超集。如果该按钮可单击的话,使用该按钮可以查看和编辑与项目的活动配置相关的属性。

1.5　第一个 Windows 应用程序

本节介绍使用 Microsoft Visual Studio 2012 集成开发环境(IDE)创建第一个 Windows 窗体应用程序的方法,以及开发应用程序所涉及的各种基本技术,如设计 Windows 窗体、编写 C#代码、配置应用程序、运行应用程序等。

1.5.1　编写 C#程序的三个步骤

当编写 C#程序时,一般要按照 3 个步骤来规划项目,然后再重复该过程来创建项目。这 3 个步骤是:设计用户界面、设置属性、编写代码。具体描述如下:

(1) 设计用户界面。首先要设计出运行项目时用户将看到的窗体及所有控件。

(2) 设置属性。为每个对象写下打算在窗体设计期间设置或修改的属性。要赋予每个对象名称,并定义诸如按钮上的内容、窗体标题上出现的文字等属性。

(3) 编写代码。设置当项目运行时要执行的类、方法和事件。使用 C#编程语句来执行程序所需要的动作。

Visual Studio 2012 中开发 Windows 窗体应用程序是使用图形用户界面开发工具来进行设计的,优点是能加快开发进度,控制软件质量。

【实例 1-1】　在 Windows 窗体中利用标签显示文字。

创建一个 Windows 窗体应用程序,运行时当用户单击窗体中的【显示】按钮后,程序将在标签上显示"Hello World!"信息;单击按钮前,标签不显示信息。程序运行界面如图 1-18 所示。

图 1-18　窗体运行效果

具体操作如下:

1. 设置工作区

在开始某个项目之前,必须打开 Visual Studio 开发环境。操作步骤如下。

(1) 启动 Visual Studio 2012 开发环境,选择【文件】→【新建】→【项目】命令,打开【新建项目】对话框,如图 1-19 所示。

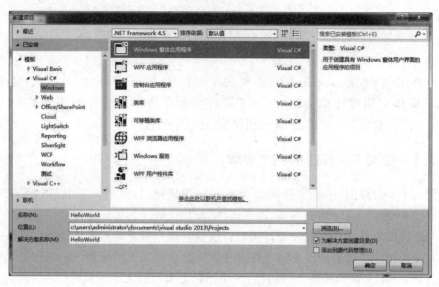

图 1-19　【新建项目】对话框

(2) 在【模板】列表框中 Visual C♯ 项下面单击 Windows；在右侧列表框选中【Windows 窗体应用程序】；在【名称】文本框中填写解决方案的名称；在【位置】文本框中输入(或选择)项目保存的位置。

(3) 单击【确定】按钮，打开 Visual C♯ 2012 开发环境，如图 1-20 所示。

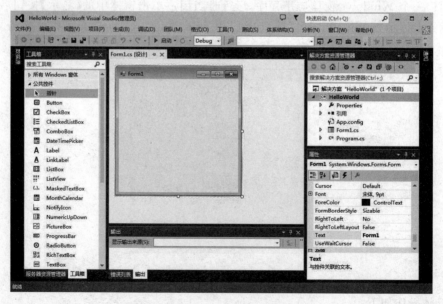

图 1-20　Visual C♯ 2012 开发环境

创建 Windows 窗体应用程序成功之后，Microsoft Visual Studio 2012 集成开发环境(IDE)将为该应用程序创建一个默认 Windows 窗体，名称为 Form1.cs。在【解决方案资源管理器】面板中，可以查看应用程序包含的所有资源和数据。

2. 项目实施

第 1 个步骤：设计用户界面。

现在打算在该空白窗体（如图 1-21 所示）上放置两个控件：一个标签和一个按钮。操作如下。

图 1-21 空白窗体

（1）打开工具箱，使其可见。

（2）在工具箱中选中【所有 Windows 窗体】列表（也可以直接使用【公共控件】，按钮属于公共控件）中的【Button】选项，如图 1-22 所示，并双击该选项。此操作将在窗体 Form1 中新建一个按钮，并将按钮移到合适的位置，如图 1-23 所示。

图 1-22 Button 选项

图 1-23 窗体设计

（3）指向工具箱中的 Label 选项并双击；在窗体 Form1 中新建一个 Label 控件。将控件移到合适的位置，如图 1-23 所示。

第 2 个步骤：设置属性。

（1）鼠标左键单击一下 Form1 窗体，在【属性】窗口中设置【外观】项目下的【Text】属性为"第一个 Windows 应用程序"。

（2）选中 lable1 标签，在【属性】窗口中设置 Text 属性为"Hello World!"，这时 lable1 上的文字变为"Hello World!"；设置 Visible（可见性）属性为 False，运行时，该控件初始状态将是不可见。

（3）选中 button1 按钮，在【属性】窗口中设置 Text 属性为"显示"，这时 button1 上的文字变为"显示"。

第 3 个步骤：编写代码。

（1）双击 button1 控件，为按钮添加单击事件处理程序，同时切换到代码窗口。添加后的代码窗体内容如下：

```
using System;
using System.Collections.Generic;
using System.ComponentModel;
using System.Data;
using System.Drawing;
using System.Linq;
using System.Text;
using System.Threading.Tasks;
using System.Windows.Forms;

namespace HelloWorld
{
    public partial class Form1 : Form
    {
        public Form1()
        {
            InitializeComponent();
        }

        private void button1_Click(object sender, EventArgs e)
        {

        }
    }
}
```

代码窗口中大部分为自动生成的 C♯ 语句，并且方法的标题行已经就位。在 button1_Click 的方法中添加需要响应的代码。

```
private void button1_Click(object sender, EventArgs e)
{
    this.label1.Visible=true;    //设置标签可见属性为"真"
}
```

（2）至此，一个简单的基于 Windows 窗体的"Hello World!"程序开发完成。单击工具栏上的启动调试按钮 ▶ 或按 F5 键启动程序，运行显示一个窗体界面，单击窗体中的【显示】按钮，标签上显示"Hello World!"文字，如图 1-18 所示。

1.5.2 C♯应用程序文件

当使用 Visual Studio 2012 创建一个项目时，同时也创建了一个称为解决方案的大容器。一个解决方案通常包含一个或多个项目，每个项目可以包含一个或多个程序文件，通常一个解决方案的文件存放在一个以解决方案命名的文件夹中，如图 1-24 所示，有的项目只有一个窗体，有的项目包含多个窗体和附加文件。

图 1-24　解决方案文件夹

以本章创建的 Windows 应用程序为例，C♯应用程序主要包含下列几种文件，即：

- .sln 解决方案文件，如图 1-24 所示。这是解决方案的主文件，为解决方案资源管理器提供显示管理文件的图形接口所需的信息。打开该文件才能处理或运行项目。解决方案文件的扩展名为 .sln，在默认情况下，.sln 文件保存在系统【我的文档】中的 Visual Studio Projects 文件夹下。
- .suo 解决方案用户选项文件，如图 1-24 所示，该文件存储与环境状态有关的信息，以使每次打开解决方案时都可以恢复所有定制的选项。
- .cs(C♯)文件，如图 1-25 所示，包含为窗体编写的方法代码。这是一个文本文件，可以在任何编辑器中将其打开。
- .designer.cs .cs(C♯)文件，如图 1-25 所示，是窗体设计器生成的代码文件，作用是对窗体上的控件做初始化工作。由于这部分代码一般不用手工修改，在 Visual Studio 2005 以后把它单独分离出来形成一个 designer.cs 文件与窗体对应。这样 Form1.cs 文件中剩下的代码都是与程序功能相关性较高的代码，利于维护。
- .resx 窗体的资源文件，如图 1-25 所示，该文件定义窗体使用的所有资源，包括文本串、数字以及图形。
- .csproj：项目文件，如图 1-25 所示，创建应用程序所需的引用、数据连接、文件夹

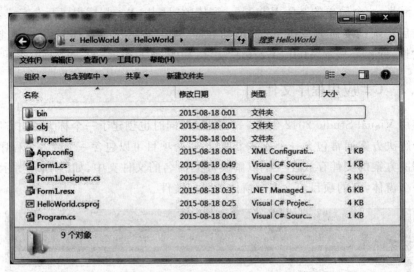

图 1-25　项目中所包含的文件

和文件的信息。

- Program. cs . cs(C#)文件,如图 1-25 所示,包含自动生成的、在执行应用程序时
  首先运行的代码。

本 章 小 结

本章简要介绍.NET 平台及.NET 框架,并且对 C#语言的特点以及 Visual Studio
2012 集成开发环境界面进行了描述,为读者初步熟悉开发环境做了比较详细的介绍。本
章讲解了如何顺利编写第一个 C#Windows 应用程序,这个示例是熟悉 C#编程环境的
最简洁的途径,刚入门的读者并不需要对这个程序做太多的研究,因为这里毕竟只是为了
熟悉一下编程环境而已,后面还要详细介绍。

习　　　题

填空题

1..NET Framework 主要包括两个最基本的内核,即_____和_____,它们为
.NET平台的实现提供了底层技术支持。

2.为便于管理多个项目,在 Visual Studio.NET 集中环境中引入了_____,用来
对企业级解决方案涉及的多个项目进行管理。

选择题

1. C#是(　　)出品的一种优秀的集成开发工具。

A. Sun 公司　　　　B. Borland 公司　　　C. IBM 公司　　　D. Microsoft 公司

2. C♯语言是微软.NET公共语言运行环境中内置的核心程序设计语言,是一种(　　)。

    A. 面向过程程序设计语言　　　　　　B. 面向对象程序设计语言

    C. 跨平台程序设计语言　　　　　　　D. 机器语言

操作题

设计一个窗体,从工具箱中选择一些常见控件放置在其上。运行该程序,观察运行结果,并查看C♯自动生成了哪些代码。

简答题

1. 简述C♯、CLR和.NET之间的关系。

2. 简述C♯语言的主要特性。

第2章　基础知识积累

本章要点

➢ C#数据类型、变量和常量。
➢ C#各种运算符以及表达式。
➢ 程序流程控制。
➢ 面向对象的基本概念。

学习目标

• 掌握C#数据类型的特性。
• 掌握C#各种运算符的运用。
• 掌握程序流程控制结构。

2.1　数据类型

C#是强类型的编程语言,这意味着在声明变量时必须指定变量的数据类型,以便编译器为其分配内存空间。数据类型还决定变量能够存储哪种类型的数据。例如,某个变量的数据类型是整型,则该变量只能存储整数,如果将一个字符串赋给它,则编译时出错。

在C#语言中,根据数据存储的位置,可以把数据类型分为两种:值类型(Value Type)和引用类型(Reference Type),如图 2-1 所示。

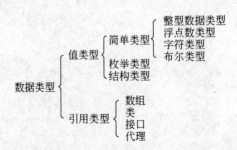

图 2-1　按内置和自定义划分的数据类型

2.1.1 值类型

C♯语言的值类型包括整型数据类型、浮点数类型、字符类型、布尔类型等简单类型以及枚举类型和结构类型。

值类型变量将其数据存储在堆栈中,把一个值类型变量赋给另一个值类型变量,会在堆栈中创建同一个数据的两个相同的副本,改变其中一个值的数据不会影响另一个值的数据。下面具体来介绍值类型。

1. 简单类型

(1)整型数据类型

整型数据类型的变量值为整数。计算机语言提供的整数类型的值总是在一定范围之内。根据数据在计算机内存中所占的位数以及是否有符号来划分,C♯有 8 种整数类型的数据,有符号整数包括 sbyte(符号字节型)、short(短整型)、int(整型)、long(长整型)。无符号整数包括 byte(字节型)、ushort(无符号短整型)、uint(无符号整型)、ulong(无符号长整型)。根据实际应用的需要,选择不同的整型数据类型。这些数据及其在计算机中表示整数的范围如表 2-1 所示。

表 2-1 整型数据类型的分类

数据类型	含 义	取 值 范 围
sbyte	有符号 8 位整数	$-128\sim127$
byte	无符号 8 位整数	$0\sim255$
short	有符号 16 位整数	$-32\ 768\sim32\ 767$
ushort	无符号 16 位整数	$0\sim65\ 535$
int	有符号 32 位整数	$-2\ 147\ 483\ 648\sim2\ 147\ 483\ 647$
uint	无符号 32 位整数	$0\sim4\ 294\ 967\ 295$
long	有符号 64 位整数	$-9\ 223\ 372\ 036\ 854\ 775\ 808\sim9\ 223\ 372\ 036\ 854\ 775\ 807$
ulong	无符号 64 位整数	$0\sim18\ 446\ 744\ 073\ 709\ 551\ 615$

(2)浮点数据类型

浮点数据类型又称为实数类型,是指带有小数部分的数字。C♯支持两种浮点数类型:单精度(float)和双精度(double)。它们的差别在于取值范围和精度不同。float 数据类型用于较小的浮点数,因为它要求的精度较低。double 数据类型比 float 数据类型大,提供的精度也大一倍(15 位)。浮点数类型数据的特征如表 2-2 所示。

表 2-2 浮点数据类型的分类

数据类型	含 义	允许值的范围	后 缀
float	32 位浮点数	$\pm1.5\times10^{-45}$ 到 3.4×10^{38},小数点后 7 位有效数字	F 或 f
double	64 位浮点数	$\pm5.0\times10^{-324}$ 到 $\pm1.7\times10^{308}$,小数点后 15 到 16 位有效数字	D 或 d

例如：

```
float a=1.0f;              //单精度浮点数
double b=1.0d;             //双精度浮点数
```

注意：当定义一个 float 类型变量并且给其赋值的时候，使用 f 后缀以表示它是一个浮点类型。如果没有这些后缀，系统把这些小数作为 double 类型处理。

例如：

```
float a=3.5f;
```

若在这里把语句改写为：

```
float a=3.5;
```

那么在 float 型变量 a 被赋值前，它将被编译器当作双精度(double)类型来处理。

还有一种特殊的实数类型为小数(decimal)类型，由 128 位组成。与浮点型相比，decimal 类型具有更高的精度和更小的范围，这使它适合于财务和货币计算。它所表示的范围从大约 1.0×10^{-28} 到 7.9×10^{28}，具有 28 至 29 位有效数字。decimal 类型的数据的后缀是 M 或者 m，例如 23.4m。

（3）字符类型

字符包括数字字符(0～9)，英文字母(a～z，A～Z)、表达符号(%，@，#等)。C#提供的字符类型按照国际上公认的标准，采用 Unicode 字符集。字符常量是用单引号(即撇号)括起来的一个字符，如'a'、'x'、'D'、'?'、'$'等都是字符常量，注意,'a'和'A'是不同的字符常量。字符的定义方法如下：

```
char c1='X';              //将字符 X 赋给字符型变量 c1
```

除了以上形式的字符常量外，C#还允许用一种特殊形式的字符常量，即以反斜杠\开头的字符序列。它们一般实现一定的控制功能，并没有一定的字型，这种非显示字符难以用一般形式的字符表示，故规定用这种特殊形式表示，这些形式的字符也称"转义字符"。表 2-3 列了一些转义字符及其含义。

表 2-3　转义字符及其含义

转义字符	字　符　名	转义字符	字　符　名
\'	单引号	\n	换行
\"	双引号	\t	水平制表符
\\	反斜杠	\v	垂直制表符
\0	空字符	\f	换页
\a	感叹号(产生鸣响)	\r	回车
\b	退格		

另外还有一种常用的类型是字符串类型。与字符类型不同的是，字符类型只由一个

字符组成,而字符串类型的字符是由一系列字符组成的。字符串的定义如下:

```
String myString1="abc123";
```

字符串的详细内容将在后续章节中讲解。

(4) 布尔类型

在编写应用程序的流程时,有时需要判断当前的情况是否满足条件,进而进行一些操作。在 C♯语言中最常用的判断条件就是判断某个变量的值的真假,这时变量所属的类型即为布尔类型。在 C♯语言中,布尔类型只能有两种取值,即 true(代表"真")或 false(代表"假"),并且不能和整数值相互转化,这点和 C 或 C++ 不同。

例如:

```
bool flag=true;          //定义 bool 型变量 flag 并将其初值赋为 true
bool flag=1;             //错误,不能将一个整型数据赋给布尔类型的变量
```

2. 结构类型

有时我们可能对同一事物使用多个不同的变量来描述,如果将其分开来,显得不够灵活。结构类型很好地解决了这个问题。在结构类型中定义基本数据类型组合,程序员可以根据自己的需求在结构类型中定义自己所需要的数据类型,它把多个不同的变量组织在一起,使用关键字 struct 来创建。结构体类型中的成员可以包含构造函数、常数、字段、方法、属性、索引器、运算符和嵌套类型等。

【实例 2-1】　定义结构类型 point,描述一个点的位置和颜色。

```
struct point
    {
        double x;       //表示点的横坐标
        double y;       //表示点的纵坐标
        string color;   //表示点的颜色
    }
```

定义之后,就可以像使用其他数据类型那样来定义变量。例如:定义两个 point 类型的变量 p1 和 p2。

```
point p1,p2;
```

在使用结构体的成员时,可以通过"."操作符来实现。例如:

```
p1.x=23.4;
p1.y=32;
p2.color="绿色";
```

结构类型使用简单,并且很有用,但是要牢记:结构在堆栈中创建,是值类型,它适合于这样的情况,每当需要一种经常使用的类型,而且大多数情况下该类型只是一些数据时,使用结构体较好。

3. 枚举类型

枚举类型实际上是为一组在逻辑上密不可分的整数值提供便于记忆的符号。枚举类

型是一种值类型,由 enum 关键字创建。

【实例 2-2】 我们定义一个代表星期的枚举类型,并定义变量。

```
enum WeekDay{
    Sunday,Monday,Tuesday,Wednesday,Thursday,Friday,Saturday
    };
    WeekDay day;          //定义枚举类型变量
```

注意:枚举类型与结构体类型不同,枚举类型数据的变量在某一时刻只能取枚举中某一个元素的值。

2.1.2 引用类型

C#除支持值类型外还支持引用类型。C#的引用类型主要用来描述结构复杂、抽象能力比较强的数据,它与值类型数据是相并列的。同为引用类型的两个变量,可以指向同一个对象,也可以针对同一个变量产生作用,或者被其他同为引用类型的变量所影响。类类型、接口类型、委托类型和数组类型属于引用类型。

引用类型的变量将其数据存储在堆中,把一个引用类型数据的变量赋给另一个引用类型数据的变量,只是在内存中创建对同一个位置的两个引用,改变其中任何一个变量的数值都会影响其他引用变量的数值。

2.1.3 类型转换

在输出结果时经常把整型、浮点型等类型转换为字符串,不同类型的数据进行运算时需要转换为同一类型才能正常计算,所有操作过程中经常涉及数据类型之间的转换。下面介绍几种常见的数据类型转换。

1. 隐式类型转换

隐式类型转换,就是系统默认的、不需要加以声明就可以进行的转换。例如:

```
short s=10;
int i=s;             //将短整型隐式转换成整型
```

隐式数据类型转换适用于数值类型的数据之间,这里提到的数值类型包括 byte、short、int、long、fload、double 等,根据这个排列顺序,各种类型的值依次可以向后自动进行转换。如整型数据(int)可以隐式转换为浮点型(float)和双精度型(double)数据;浮点型(float)可以隐式转换为双精度型(double)数据。

需要注意的是隐式转换无法完成由精度高的数据类型向精度低的类型转换,例如:

```
int i=1;
short s=i;           //错误
```

此时编译器将提示出错:无法将类型 int 隐式转换为 short 这个时候,如果必须要进行转换,就应该使用显式类型转换。

2．显式类型转换

显式类型转换，又称为强制类型转换，需要用户明确地指定转换的类型。通过显式数据转换，可以把取值范围大的数据转换为取值范围小的数据。显式转换可以发生在表达式的计算过程中，可能引起信息丢失，例如下面代码把 float 类型的变量 f1 强制转为 int，小数部分的信息就丢失了。

```
float f1=5.16f;    //定义一个单精度的实数
int i=(int)f1;     //将单精度强制转换为整型,i 的值是 5,不是 5.16,造成信息丢失
```

3．数值字符串与数值之间的转换

字符串是用一对双引号包含的若干个字符来表示，如"123"。而"123"又相对特殊，因为组成该字符串的字符都是数字，这样的字符串，就是数值字符串。计算机只认为它是一个字符串，不是数值。C♯中字符串和数值之间经常互相转换，下面介绍一下二者之间的转换方法。

（1）ToString()方法：数值类型的 ToString()方法可以将数值型数据转换为字符串；

（2）Parse()方法：数值类型的 Parse()方法可将字符串转换为数值型，如字符串转换为整型使用 int.Parse(string)；字符串转换为双精度浮点型使用 double.Parse(string)等；

（3）使用 Convert 类转换：使用 System.Convert 类的对应方法将数字字符串转化为相应的值。

例如：

```
int num1=50;
string str1=num1.ToString();        //将 num1 转为 string 赋给 str1
string str2="123";
int num2=int.Parse(str2);           //将字符串 str2 转换为 int 类型
String str3="123456789";
int num3=Convert.ToInt32(str3);     //将字符串转换为数值,num3=123456789
```

4．装箱和拆箱——值类型与引用类型之间的转换

拆箱是把"引用"类型转换成"值"类型，装箱是把"值"类型转换成"引用类型"，是数据类型转换的一种特殊应用。有时某些方法的参数要求使用"引用"类型，而想把"值"类型的变量通过这个参数传入，就需要使用这个操作。

例如：

```
int n=4;          //n 是值类型
object obj=n;     //装箱,把任何值类型隐式转化为 object 类型,其中 object 为引用类型
Console.WriteLine("n 的初始值为: {0},装箱后的值为{1}",n,obj.ToString());
int m=(int)obj;   //拆箱,把一个 object 类型显式地转换为值类型;
Console.WriteLine("引用类型的值为: {0},拆箱后的值为{1}",obj.ToString(),m);
```

2.2　变　量

上一节,我们一起学习了 C♯ 中的数据类型,这一节,我们来一起学习 C♯ 的变量。变量代表数据的实际存储位置,各个变量所能存储的数值由它本身的类型决定。在变量被赋值以前,变量自身的类型必须被明确地声明。

2.2.1　变量的命名

在 C♯ 中,变量通过一个名称来标识,这个名称称为变量名。变量的命名遵循以下规则:

- 变量名的第一个字符必须是字母(包括汉字)或下划线。
- 变量名只能由字母(包括汉字)、数字或下划线组成,不能包含空格、标点符号、运算符等其他符号。
- 变量名不能是 C♯ 的关键字或库函数名。

例如,下面是非法的变量名。

```
num.3               //不合法,含有非法字符
class               //不合法,与关键字名称相同
5a                  //不合法,以数字开头
```

还要强调一点,C♯ 对于大小写字母是敏感的,所以在声明以及使用变量的时候要注意这些,例如 Name、name 是两个不同的变量。

上面举了一些变量命名的例子,在实际的应用中,应该取那些有实际意义的英文名称,可以方便自己的操作,亦可使别人读代码时清晰明了。例如: message、age、name。

2.2.2　变量的声明

要使用变量,就必须声明它们。即给变量指定一个名称和一种类型。声明了变量后,编译器才会申请一定大小的存储空间,用来存放变量的值。

1. 声明变量

变量的声明语法如下。

[访问修饰符] [变量修饰符] 变量的数据类型 变量名表

其中【访问修饰符】和【变量修饰符】都是可以省略。变量声明和赋值如下所示:

```
int number;         //声明一个整型变量
bool open;          //声明一个布尔型变量
```

也可以在一个语句中声明多个变量,但是这些变量的类型必须是同一种类型,变量名之间用逗号分隔。例如:

```
int count, number;  //声明两个整型变量
```

一旦声明了变量，就可以对变量进行赋值操作。可以在声明变量的同时对该变量进行初始化。所谓初始化就是对变量进行赋值，程序中的变量有了值以后才具有意义，否则只是对变量进行声明而不赋值，在对变量进行操作是没有意义的，甚至还会导致程序出错。

2. 变量赋值

C♯规定，变量必须赋值后才能引用。为变量赋值需使用赋值号"＝"。例如：

```
int number;
number=26;                    //为变量赋值 26
```

可以为几个变量一同赋值，例如：

```
int a, b, c;
a=b=c=10;
```

可以在声明变量的同时为变量赋值，相当于将声明语句与赋值语句合二为一。例如：

```
double price=45.5;
```

C♯中并不要求在声明变量的同时初始化变量（即为变量赋值），但是为变量赋值通常是程序员的良好习惯。

2.3 常 量

2.3.1 常量的声明

常量顾名思义就是在使用过程中不会发生变化的量。在声明和初始化常量时，要在变量前加 const 关键字。常量声明的基本语法为：

```
[private/public/internal/protected] const 类型名称 常量名=常量表达式
```

其中 private、public、internal 和 protected 为修饰符，也可以在声明变量类型前加这些修饰符。

例如：

```
public int number;
```

表 2-4 说明了 5 种可能的访问级别的访问权限。

表 2-4 访问级别

修 饰 符	访 问 权 限
private	变量只能在它所属的类别中被访问
protected	变量只能在它所属的类别中被访问，或者在派生该类型的其他类型中被访问
public	变量可以作为它所属的类型的一个字段，在任何地方都可以访问它
protected internal	变量只能在当前程序中被访问，或者在派生当前类型的其他类型中被访问
internal	变量只能在当前的程序中被访问

下面是一个声明常量的具体例子,常量名称通常使用大写字母,便于与变量区分。

```
public const int RATE=2;
```

2.3.2 常量的使用

常量一旦被声明初始化,它的值就不能再改变,否则系统就会自动报错。常量使得程序更易于修改。比如程序中有一个表示税率的常量,以后税率如果发生改变,只要更改该常量值即可。

2.4 运算符与表达式

前面主要介绍了变量和常量,以及它们的声明、赋值和使用方法。本节将介绍如何处理这些变量和常量。

C♯语言中的表达式类似于数学运算中的表达式,用运算符把操作对象连接起来的式子就是表达式,表达式在经过一系列运算后得到一个运算结果,结果的类型由参加运算的操作对象的数据类型决定。运算符是表示各种不同运算的符号。在程序设计语言中运算是指对各种数据进行处理,比如表示加法运算就用+运算符。

2.4.1 算术运算符

算术运算符是指对数值(如整数、小数等)进行算术运算所用的运算符,包括加(+)、减(一)、乘(*)、除(/)和取余(%)5种。这些运算符都属于二元运算符,需要有两个运算对象才能用这些运算符连接。

1. 加/减法运算符

加/减法运算符可用于整型、浮点型、枚举类型和字符串类型等。例如:

```
int i=5+5;            //i 结果为 10
float y=5.0-2;        //y 结果为 3.0
```

在 C♯ 中有一种特殊的加减运算符:++和——,称为自增和自减运算符,属于一元运算符。以++为例,它可以用表达式 i++或++i 实现变量 i 的值增 1。例如:

```
int i=1;
i++;
```

此时 i 的值就变为了 2,i++这个表达式可以解释为 i=i+1。

注意:此类运算符放在变量的前面称为前置运算符,如++i;放在变量后面称为后置运算符,如 i++。

下面的例子简单地进行了解释:

（1）前置＋＋

```
int i=1;
int j;
j=++i;      //该语句表示,先对 i 进行加操作,然后将结果赋给 j,运行结果是 j=2
```

（2）后置＋＋

```
int i=1;
int j;
j=i++;      //该语句表示,先将 i 的值赋给变量 j,然后 i 进行加 1 操作,结果是 j=1
```

通过对以上两个简单程序的对比,可以得知表达式 i＋＋是先赋值、后进行自身的运算,而＋＋i 正好是相反的,先进行自身的运算,而后再赋值。

2. 乘除运算符

乘法运算符是(＊),除法运算符是(/),语句的意思和加法类似。

有几点还是需要注意的,乘法运算符、除法运算符只适用于整数以及实数之间的操作;而且在使用除法运算符的时候,默认的返回值的类型与精度最高的操作数类型相同。例如,5/2 的结果是 2,而 5.0/2 的结果是 2.5。如果两个整数类型的变量相除又不能整除的话,返回的结果是不大于被除数的最大整数。

3. 取余运算符

取余运算(又称求模运算)符用来求除法的余数,在 C♯语言中,取余运算既适用于整数类型,也同样适用于浮点型。例如 7％3 的结果为 1,7％1.5 的结果为 1。

2.4.2 赋值运算符

赋值运算符(＝)用于为变量赋值。赋值运算符分为两种类型,第一种是简单的赋值运算符＝;第二种是复合赋值运算符。如＊＝、/＝、％＝、＋＝、－＝等。

1. 简单赋值运算符

例如：a＝3;

赋值的左操作数必须是一个变量。C♯中可以对变量进行连续赋值,这时赋值操作符是右关联的。这意味着从右向左操作符被分组。例如将 123 赋给变量 a 和 b,代码如下：

```
a=b=123;
```

该语句表示的是,最右边的值 123 将被放到变量 b 中,然后 b 的值将被放到变量 a 中。最后,a 与 b 的值都将为 123。

2. 复合赋值运算符

复合赋值运算符包含 5 类,具体如表 2-5 所示。

表 2-5   复合赋值运算符

赋值运算符	赋值运算符类别	赋值运算符范例表达式	赋值运算符的解释
+=	二元	a += value	a 被赋予 a 和 value 的和
-=	二元	a -= value	a 被赋予 a 和 value 的差
/=	二元	a /= value	a 被赋予 a 和 value 相除的商
*=	二元	a *= value	a 被赋予 a 和 value 的乘积
%=	二元	a%= value	a 被赋予 a 和 value 相除的余数

例如:

x *=y+1;   //等价于 x=x*(y+1)

2.4.3　关系运算符

关系运算符实现两个值的比较,关系表达式的返回值总是布尔值。C#中关系操作符的优先级低于算术操作符,高于赋值操作符。表 2-6 给出了 C#中可以使用的关系运算符。

表 2-6   关系运算符

关系运算符	表 达 式	描 述	示 例	结 果
==	操作数 1 == 操作数 2	等于	100==110	false
!=	操作数 1 != 操作数 2	不等于	100!=10	true
>	操作数 1 > 操作数 2	大于	100>110	false
<	操作数 1 < 操作数 2	小于	100<110	true
<=	操作数 1 <= 操作数 2	小于等于	100<=110	true
>=	操作数 1 >= 操作数 2	大于等于	100>=110	false

2.4.4　逻辑运算符

为了在逻辑判断过程中测试多个条件,C#语言提供了三种逻辑操作符:&&(逻辑与)、||(逻辑或)、!(逻辑非),可以利用它们组合成复杂的条件。

注意:逻辑操作符的操作数都是布尔类型的值或表达式。操作数为不同的组合时,逻辑操作符的运算结果可以用逻辑运算的"真值表"来表示,如表 2-7 所示。

表 2-7   逻辑运算的"真值表"

a	b	!a	a&&b	a||b
True	True	False	True	True
True	False	False	False	True
False	True	True	False	True
false	false	True	true	false

2.4.5　其他特殊运算符

有时在程序中,必须先进行比较判断才能进行某个操作。条件运算符中有三个操作数,故也称为三目运算符,它由"?"和":"两个标点符号组成。语法形式如下:

操作数 1? 操作数 2：操作数 3

其中,"操作数 1"的值必须为布尔类型值,否则将出现编译错误。进行条件运算时,首先判断问号前面的"操作数 1"的值是真还是假,如果值为真,就返回"操作数 2"的执行结果值;如果值为假,则返回"操作数 3"的执行结果值。例如以下的条件表达式,z 的值最后为 100,因为 x>y 的值 true。

```
int x=30;
int y=20;
int z=x>y?:100:50
```

说明:条件表达式具有"右结合性",意思是操作从右向左组合。例如,a? b:c? d:e 形式表达式的计算与 a? b(c? d:e)相同。

2.4.6　运算符优先级

在前面介绍的运算符中,优先级从高到低的顺序为算术运算符、关系运算符、逻辑运算符、条件运算符。但这些并不代表所有的运算符,例如++、--、%等运算符。数学运算符的优先级排在赋值运算符之前。常用运算符的优先级如表 2-8 所示。

表 2-8　几种常用运算符优先级的比较

运算符优先级	运算符
优先级从高到低	++(前级之用)、--(前级之用)
	*、/、%
	+、-
	=、*=、/=、%=、+=、-=
	++(后级之用)、--(后级之用)

例如,表达式 x+y/z 可计算成 x+(y/z),因为/操作符的优先级比+操作符高。另外,当一个操作符在两个优先级相同的操作符中间时,操作符的关联性决定了执行的顺序。关联性有左关联和右关联,除了赋值运算符之外,所有的二元操作符都是左关联的,也就是说操作符是从左到右的,如 x+y+z 计算为(x+y)+z。赋值运算符和条件运算符(?:)都是右关联的,也就是说操作符是从右到左的,如 x=y=z 运算成 x=(y=z),优先级和关联性可以由括号来控制。例如,x+y*z 首先计算 y 和 z 的乘积,然后再加上 x。但(x+y)*z 首先计算 x 和 y 的和,然后再和 z 相乘。

2.5　程序流程控制

C♯采用面向对象编程思想和事件驱动机制,但在流程控制方面,采用了结构化程序设计中的三种基本结构(顺序、选择、循环)作为其代码块设计的基本结构。掌握 C♯控制语句,可以更好地控制程序流程,提高程序的灵活性。

2.5.1　顺序结构

顺序结构的程序设计是最简单的,只要按照解决问题的顺序写出相应的语句即可,它的执行顺序是自上而下,依次执行每一条语句。顺序结构主要 4 种语句:赋值语句、输入语句、输出语句、复合语句。

1. 赋值语句

赋值语句是程序设计中最基本的语句,其一般形式为:

<变量>=<表达式>;

赋值语句的作用是计算表达式的值,并赋给变量。对于任何一个变量必须首先赋值,然后才能引用,否则,未赋初值的变量将不能参与运算。另外,赋值号两边的类型必须相同,或者符合隐式类型转换规则。

2. 输入语句

输入与输出是应用程序进行数据处理过程中的基本功能。控制台输入输出,也称为标准输入输出,使用的是标准输入输出设备,即键盘和显示器。主要通过 Console 类的静态方法实现。

通过计算机的外设把数据送到计算机内存的过程称为输入。C♯语言的输入语句有如下两种形式:

(1) Read 方法

【格式】Console. Read()

【功能】从标准输入流(一般指键盘)读取一个字符,并作为函数的返回值,如果没有可用字符,则为一1。

【说明】Read 方法只能接受一个字符,返回值是 int 类型;如果输入的字符不是数字,将返回该字符对应的 ASCII 编码。

例如:

```
int i= Console.Read();
char c=(char)Console.Read();
```

(2) ReadLine 方法

【格式】Console. ReadLine()

【功能】从标准输入流读取一行字符,并作为函数的返回值,如果没有可用字符,则为

Nothing。

【说明】ReadLine 方法接受一行字符（即一个字符串，回车代表输入的结束），返回值是 string 类型。

例如：

```
string s=Console.ReadLine();
int j=int.Parse(Console.ReadLine());
```

Read 语句和 ReadLine 语句不同之处在于输入数据到各变量之后，ReadLine 自动换行，从下一行开始再输入数据。一个 Read 语句执行完后，数据行中多余的未读数据可以被下一个输入语句读入；而一个 ReadLine 语句执行完后，数据行中多余未读数据就没有用了。

3. 输出语句

输出是将内存中的数据送到外设的过程。C♯语言的输出语句有两种形式：

(1) Write 方法

【格式】Console. Write(X)

【功能】将参数 X 指定的数据写入标准输出流（一般指显示器）。

【说明】参数 X 是任意类型的数据。

例如：

```
Console.Write("请输入一个整数: ");
int j=int.Parse(Console.ReadLine());
Console.Write("输入的整数为: "+j);
```

(2) WriteLine 方法

【格式 1】Console. WriteLine(X)

【功能】将指定的 X 写入标准输出流，并以一个换行符结尾。

【格式 2】Console. WriteLine(格式字符串，表达式列表)

【功能】按照格式字符串的约定，输出提示字符和表达式的值，并以一个换行符结尾。

【说明】WriteLine 方法的功能与 Write 方法基本相同，唯一的区别是 WriteLine 方法调用后要换行。

4. 复合语句

复合语句是由若干语句组成的序列，语句之间用分号"；"隔开，并且以｛｝括起来，作为一条语句。

2.5.2　选择结构

当一个表达式在程序中被用于检验其真/假的值时，就称为一个条件，选择语句根据这个条件来判断执行哪块区域的代码。选择语句主要包括两种类型，分别为 if 语句和 switch 语句。

1. if 语句实现单分支选择结构

if 语句用于判断表达式的值，如果条件表达式的值为 true（真），则执行语句块中的语句；如果表达式的值为 false(假)，则不执行语句块中的语句。其语法如下：

```
if(条件表达式)
{
    执行操作的语句;
}
```

2. 使用 if…else 语句实现双分支选择结构

if…else 语句根据表达式的值有选择地执行程序中的语句，如果表达式的值为 true
(真)，则执行 if 语句块中的语句；如果表达式的值为 false(假)，则执行 else 语句块中的语
句。其语法如下：

```
if(条件表达式)
{
    执行操作的语句 1;
}
else
{
    执行操作的语句 2;
}
```

【**实例 2-3**】 创建一个 C♯ 控制台程序，演示如何使用 if 语句。

```
class Program
{
  static void Main(string[] args)
  {
    char c=(char)Console.Read();              //定义一个 char 类型的变量
    if(Char.IsLetter(c))                      //判断 c 变量是否是字
    {
        Console.WriteLine("你输入的是英文字符。");     //输出结果
    }
    else
    {
        Console.WriteLine("你输入的不是英文字符。");    //输出结果
    }
  }
}
```

上述代码中，定义了一个 char 类型的变量用来保存从键盘输入的字符。然后，程序
检查输入字符是否为字母字符，并输出相关信息。如果是字母字符输出：你输入的是英
文字符。如果不是字母字符输出：你输入的不是英文字符。

3. 使用 if…else if…else 语句实现多分支选择结构

有时必须判定多个条件以便决定执行什么操作。在这种情况下就要使用 if…else
if…else 语句。其语法如下：

```
if(表达式 1)
```

```
{
    执行操作的语句 1;
}
else if(表达式 2)
{
    执行操作的语句 2;
}
…
else
{
    执行操作的语句 n;
}
```

执行过程说明如下：

（1）判断表达式 1，如果值为 true，则执行 if 语句块中的语句，然后结束 if 语句。

（2）如果表达式 1 的值为 false，则判断表达式 2，如果其值为 true，则执行 else if 语句块中的语句，然后结束 if 语句。

（3）如果表达式 2 的值为 false，再继续往下判断其他表达式的值。

（4）如果所有表达式的值都为 false，则执行 else 语句块中的语句，然后结束 if 语句。

4. 使用 switch 语句实现多分支选择

在判定多个条件时，如果用 if-else if-else 语句可能会很复杂和冗长。在这种情况下，应用 switch 语句就会简明清晰得多。用 switch 语句可以将任何整型变量或字符串与多个值进行检查。当两者匹配时就会执行相应的所有语句。其语法如下：

```
switch(表达式)
{
case 比较值 1: 语句块 1; break;
case 比较值 2: 语句块 2; break;
…//其他 case 子句
defalut: 语句块 n; break;
}
```

在 switch 语句的开始首先检测"表达式"，如果表达式值符合某个 case 语句中定义的"比较值"就跳转到该 case 语句执行，当"表达式"没有任何匹配的"比较值"时就执行 default 块中的语句。

【实例 2-4】　使用键盘输入一个 1～7 之间的数字，判断是星期几。

```
public class TestSwitch
{
  static void Main(string[] args)
  {
    Console.Write("输入 1-7 之间的整数代表一周的每一天：\n");
    int n=int.Parse(Console.ReadLine());       //定义一个 int 类型的变量
    switch(n)                                    //switch 筛选器
```

```
    {
        case 1:                                    //判断是否匹配
            Console.WriteLine("您选择的是星期一");
            break;
        case 2:                                    //判断是否匹配
            Console.WriteLine("您选择的是星期二");
            break;
        case3:                                     //判断是否匹配
            Console.WriteLine("您选择的是星期三");
            break;
            ⋮
        default:
            Console.WriteLine("不在 1-7 之间");
            break;
    }
  }
}
```

2.5.3　循环结构

循环就是重复执行一些语句来达到一定的目的,这个技术用起来很方便,只要设定好条件,同样的代码可以执行成千上万次。C♯中的循环结构有几种:while、do-while、for、和 foreach,它们全部都支持用 break 来退出循环,用 continue 来跳过本次循环进入下一次循环。在这里我们依次向大家介绍这些循环结构。

1. while 语句

while 语句表示当条件表达式的值为真时执行循环体,一般用于循环次数不确定的场合,可以有条件的将内嵌语句执行 0 次或者无数次。其声明语法如下:

```
while(条件表达式)
{
    循环语句
}
```

2. do-while 语句

do-while 语句与 while 语句十分相似,两者区别在于 do-while 循环中即使条件为假时也至少执行一次循环体中的语句。然后再判断条件是否为 true,如果为 true,则继续循环。其声明语法如下:

```
do
{
    循环语句
} while(条件表达式)
```

3. for 语句

当你预先知道一个内含语句应要执行多少次时，for 语句特别有用。当条件为真时，常规语法允许重复地执行内含语句。其声明语法如下：

```
for(循环变量初始化;条件;循环变量增/减值)
{
    循环语句
}
```

请注意，循环变量初始化、条件和循环变量增/减值都是可选的。比如你可以在其他地方初始化，在 for 循环就不用再次进行初始化了。

4. foreach 语句

foreach 语句用来循环一个集合中的元素，并执行关于集合中每个元素的嵌套语句。由于 C♯ 中的数组支持 foreach 语句，因此你可以应用 foreach 语句处理数组中的每一个元素。其声明语法如下：

```
foreach(元素类型 元素变量 in 元素变量集合)
{
循环语句
}
```

【实例 2-5】 使用 foreach 循环输出数组中的值。

```
int[] members=new int[] { 0, 1, 2, 3, 5, 8, 13 };        //定义了一个数组
foreach(int member in members)                          //进行 foreach 循环
{
    System.Console.WriteLine(member);                   //输出结果
}
```

上述代码中，第 2 行，int 是 members(int[])集合里面的元素类型，member 就是从 members 里面提取出的 int 类型的一个元素，in 是关键字，members 就是要操作的集合类型数据。其实和 for() 循环类似，只是不需要记录循环步数，同时，在 foreach 过程中，members 是不允许被改变的。

2.5.4 跳转语句

前面介绍的条件和循环语句中，程序的执行都是按照条件的测试结果来进行的，在实际使用时经常会使用到灵活的跳转语句来配合条件和循环语句的执行。跳转语句包括 break、continue、return 语句。

1. break 语句

break 语句会使运行的程序立刻退出它所在的最内层循环或者退出一个 switch 语句，即提前结束循环。break 语句只能用于循环语句和 switch 语句。

2. continue 语句

continue 语句和 break 语句用法相似。不同的是,continue 语句只结束本次循环,不终止整个循环的执行;break 语句是终止整个循环的执行,不再进行条件判断。

continue 语句只能用在 while 语句、do-while 语句、for 语句或者 foreach 语句的循环体内,在其他地方使用都会引起错误。

3. return 语句

return 语句用于退出函数(当然也就退出循环了)。return 语句只能出现在函数体内,出现在代码中的其他任何地方都会造成语法错误。

2.6　面向对象基本概念

面向对象的程序设计(OOP)是一种基于结构分析的、以数据为中心的程序设计方法。其主要思想是将数据及处理这些数据的操作都封装到一个称为类(Class)的数据结构中,使用这个类时,只需要定义一个类的变量即可,这个变量称为对象(Object)。

2.6.1　类

数据抽象和对象封装是面向对象技术的基本要求,而实现这一切的主要手段和工具就是类。从编程语言的角度讲,类(class)就是一种数据结构,它定义数据和操作这些数据的代码。类类型支持继承,继承是一种机制,它使派生类可以对基类进行扩展和专用化。C#中提供了很多标准的类,用户在开发过程中可以使用这些类,这样大大节省了程序的开发时间。

1. 类的声明

要定义一个新的类,首先需要使用 class 关键字声明类。

语法形式:

```
[属性集信息]　[类修饰符]　class 类名 [:类基]
{
    [类成员]
}
```

其中:

- 属性集信息——是 C♯语言提供给程序员的,为程序中定义的各种实体附加一些说明信息,这是 C♯语言的一个重要特征。
- 类修饰符——可以是表 2-9 所列的几种之一或是它们的有效组合,但在类声明中,同一修饰符不允许出现多次。

表 2-9　类修饰符

修　饰　符	作 用 说 明
public	表示不限制对类的访问。类的访问权限省略时默认为 public
protected	表示该类只能被这个类的成员或派生类成员访问
private	表示该类只能被这个类的成员访问
internal	表示该类能够由程序集中的所有文件使用,而不能由程序集之外的对象使用
new	只允许用在嵌套类中,它表示所修饰的类会隐藏继承下来的同名成员
abstract	表示这是一个抽象类,该类含有抽象成员,因此不能被实例化,只能用作基类
sealed	表示这是一个密封类,不能从这个类再派生出其他类。显然密封类不能同时为抽象类

2. 类的成员

类的定义包括类头和类体两部分,其中类体用一对大花括号{ }括起来,类体用于定义该类的成员。

语法形式:

```
{
    [类成员声明]
}
```

类成员由两部分组成,一个是以类成员声明形式引入的类成员,另一个则是直接从它的基类继承而来的成员。类成员声明主要包括:常数声明、字段声明、方法声明、属性声明、事件声明、索引器声明、运算符声明、构造函数声明、析构函数声明、静态构造函数、类型声明等。当字段、方法、属性、事件、运算符和构造函数声明中含有 static 修饰符时,则表明它们是静态成员,否则就是实例成员。

【实例 2-6】 声明一个 Person 类,包含姓名、年龄。

```
class Person
{
    private string name;
    private int age;
    public Person(string n, int a)
    {
        name=n;
        age=a;
    }
    public void Display()
    {
        Console.WriteLine("Name:{0}",name);
        Console.WriteLine("Age:{0}", age);
    }
}
```

2.6.2 对象

类和对象是紧密结合的,类是对象总体上的定义,而对象是类的具体实现。对象包含变量成员和方法类型,它所包含的变量组成了存储在对象中的数据,而其包含的方法可以访问对象的变量。

C#中的对象是从类的定义实例化,这表示创建类的一个实例,"类的实例"和对象表示相同的含义,但需要注意的是,"类"和"对象"是完全不同的概念。汽车类指汽车的模板,或者用于指构建汽车的规划,而汽车本身是这些规划的实例,所以可以看作对象。创建类对象时需要使用关键字 new。

语法形式:

类名 对象名=new 类名([参数]);

【实例 2-7】 创建 Person 类的对象。

```
Person myTest1=new Person("李明",20);
```

2.6.3 方法

1. 方法的声明

基本语法如下:

```
[方法修饰符]   返回类型 方法名([形参列表])
{
    方法体
}
```

其中:

- 方法修饰符:可选,默认情况下为 private。
- 如果不需要返回任何值,方法需定义为 void 数据类型。
- 方法头不是一条语句,其后不能跟分号";"。

【实例 2-8】 求任意两个整数之间的所有数的平方和。

```
private static int pfh(int x,int y)        //方法头
{
    int i,sum=0;
    for(i=x;i<=y;i++)
      sum=sum+i * i;
    return(sum);                           //有返回值
}
```

2. 方法的参数

（1）值参数

在方法声明时不加修饰的形参数,它表明实参与形参之间按值传递,实参把值复制一

份传给形参,形参接受了实参的值后与实参已不存在任何联系,对形参的修改不会影响到对应的实参值。

【实例 2-9】 下面的程序演示了当方法 Sort 传递的是值参数时,对形参的修改不影响其实参。

```
class Program
{
  static void Sort(int x,int y,int z)
  { int temp;
    if(x>y){temp=x;x=y;y=temp;}
    if(x>z){temp=x;x=z;z=temp;}
    if(y>z){temp=y;y=z;z=temp;}
    Console.WriteLine("a={0},b={1},c={2}",x,y,z);
  }
  static void Main(string[] args)
  { int a,b,c;
    a=30;b=20;c=10;
    Sort(a,b,c);
    Console.WriteLine("a={0},b={1},c={2}",a,b,c);}
}
```

(2) 引用传递

和值参数不同,引用型参数并不开辟新的内存区域,而是向方法传递实参在内存中的地址。形式参数的类型说明符前加上关键字 ref,调用方法时,在实际参数之前加上关键字 ref。

【实例 2-10】 将上面程序中的 Sort 方法的值传递方式改成引用传递,观察运行结果。

```
class Program
{
  static void Sort(ref int x, ref int y, ref int z)
  { int temp;
    if(x>y){temp=x;x=y;y=temp;}
    if(x>z){temp=x;x=z;z=temp;}
    if(y>z){temp=y;y=z;z=temp;}
    Console.WriteLine("a={0},b={1},c={2}",x,y,z);
  }
  static void Main(string[] args)
  { int a,b,c;
    a=30;b=20;c=10;
    Sort(ref a, ref b, ref c);
    Console.WriteLine("a={0},b={1},c={2}",a,b,c);}
}
```

（3）输出型参数

C♯提供了一种特殊的参数传递方式，仅用于从方法传递回一个结果，而不能从方法调用处接受实参数据，用关键字 out 表示。

【实例 2-11】 通过输出型参数返回多个值。

```
class Exa
{
  public void ab(int a,out int b,out int c)
  {
    b=a-1;
    c=a+1;}
}
class Test
{
  public static void Main(string[] args)
  {
    Exa exa1=new Exa();
    int a=8;
    int b,c;
    exa1.ab(a,out b,out c);
    Console.WriteLine("b={0},c={1}",b,c);}
}
```

2.6.4 属性

为了实现良好的数据封装和数据隐藏，类的字段成员的访问属性一般设置成 private 或 protected，这样在类的外部就不能直接读写这些字段成员了，通常的办法是提供 public 级的方法来访问私有的或受保护的字段。

C♯提供了属性（property）这个更好的方法，可把字段域和访问它们的方法相结合。对类的用户而言，属性值的读和写与字段域语法相同；对编译器来说，属性值的读和写是通过类中封装的特别方法 get 访问器和 set 访问器实现的。

1. 属性的声明

基本语法如下：

[属性集信息]　[属性修饰符]　类型 成员名
{
　　访问器声明
}

其中：

- 属性修饰符：与方法修饰符相同，包括 new、static、virtual、abstract、override 和 4 种访问修饰符的合法组合，它们遵循相同的规则。
- 类型：指定该声明所引入的属性的类型。

- 成员名：指定该属性的名称。
- 访问器声明：声明属性的访问器，可以是一个 get 访问器或一个 set 访问器，或者两个都有。

2. 访问器声明

基本语法如下：

```
get                    //读访问器
{    ···    }          //访问器语句块
set                    //写访问器
{    ···    }          //访问器语句块
```

说明：

get 访问器的返回值类型与属性的类型相同，所以在语句块中的 return 语句必须有一个可隐式转换为属性类型的表达式。

set 访问器没有返回值，但它有一个隐式的值参数，其名称为 value，它的类型与属性的类型相同。

同时包含 get 和 set 访问器的属性是读写属性，只包含 get 访问器的属性是只读属性，只包含 set 访问器的属性是只写属性。

2.6.5　事件

事件(event)是一种使对象或类能够提供通知的成员。客户端可以通过提供事件处理程序(event handler)为相应的事件添加可执行代码。类或对象可以通过事件向其他类或对象通知发生的相关事情。

一个类或对象可以事先向其他类或对象注册一个事件，然后在一定的时候引发该事件。如开发人员可以在 Windows 窗体中的按钮注册一个事件，当用户单击该按钮时，将引发该已注册的事件。引发事件的类或对象，可以称之为事件源，注册并对处理事件的类或者对象可以称为事件订阅者或者事件监听者。

构建一个 winform 应用，在窗体 Form1 简单放置一个按钮控件，然后，双击按钮，则可以进入代码视图中按钮 click 事件处理程序。

```
private void button1_Click(object sender, EventArgs e)
{
    //sender 即表示事件源,e 表示通过事件传递过来的消息
}
```

这时，可以打开 Form1.designer.cs，还可以找到如下代码：

```
this.button1.Click+=new System.EventHandler(this.button1_Click);
```

这行代码表明，当前窗体注册了 click 事件(click 就是 Button 对象的一个事件)，并且用 button1_Click 方法进行了处理。

使用事件有以下好处：

（1）使用事件可以很方便地确定程序执行顺序。当事件驱动程序等待事件时，它不占用很多资源。事件驱动程序与过程式程序最大的不同就在于，程序不再不停地检查输入设备，而是待着不动，等待消息的到来，每个输入的消息会被排成队列，等待程序处理它。如果没有消息在等待，则程序会把控制交回给操作系统，以运行其他程序。

（2）使用事件可以简化编程。操作系统只是简单地将消息传送给对象，由对象的事件驱动程序确定事件的处理方法。操作系统不必知道程序的内部工作机制，只需要知道如何与对象进行对话，也就是如何传递消息就行了。

本 章 小 结

本章主要介绍了微软公司为.NET框架专门开发的C#语言的基础知识。主要包括变量和常量、数据类型与表达式、程序流程控制语句以及面向对象基本概念。为后续编写C#程序代码奠定基础。

习 题

填空题

1. C#中的值类型包括三种，它们是_____、_____和_____。

2. 在C#语句，实现循环的语句主要有_____、_____和_____。

选择题

1. 设有语句int x=8;则下列表达式中，值为2的是（　　）。

   A. x+=x-=x;　　　　　　　　　　B. x%=x-2;

   C. x>8?x=0;x++;　　　　　　　　D. x/=x+x;

2. 以下标识符中，正确的是（　　）。

   A. _MyName　　　B. class　　　C. 12months　　　D. a3#

3. 在C#语言中，下列能够作为变量名的是（　　）。

   A. if　　　B. 3ab　　　C. a_3b　　　D. a-bc

4. 在C#语言中，下面的运算符中，优先级最高的是（　　）。

   A. %　　　B. ++　　　C. /=　　　D. >>

5. 能正确表示逻辑关系"a≥10 或 a≤0"的C#语言表达式是（　　）。

   A. a>=10 or a<=0　　　　　　　B. a>=10|a<=0

   C. a>=10&&a<=0　　　　　　　D. a>=10||a<=0

操作题

在Visual Studio 2012环境中，输入以下程序代码，写出程序的运行结果。

```
class Da
{
```

```
public static void Main()
{
int x=1,a=0,b=0;
Switch(x)
  {
    case 0: b++;break;
    case 1: a++;break;
    case 2: a++;b++;break;
  }
Console.WriteLine("a={0},b={1}",a,b);
  }
}
```

简答题

简述类与对象的关系。

第 3 章　学生成绩管理系统介绍

本章要点

➢ 学生成绩管理系统的功能模块。
➢ 学生成绩管理系统的数据库设计。
➢ 系统业务流程。

学习目标

• 了解学生成绩管理系统的功能。
• 了解数据库的结构设计。

3.1　需 求 分 析

前面章节讲解了 C♯语言的基本语法,从本章开始使用一个完整的应用案例——学生成绩管理系统。该系统为教师与学生提供录入成绩、查询成绩、修改个人信息等功能,通过该案例,重点熟悉实际项目的开发过程,掌握 C♯语言在实际项目开发中的综合应用。

学生成绩管理系统是一个学校不可缺少的重要部分,它对于学校的管理者来说十分重要,能够为用户提供充足的信息和快捷的查询方式。通过这样的管理系统,可以做到对成绩的规范管理、快速查询等操作,从而减少管理方面的工作量。该系统中主要包括五个主要功能模块:登录模块、个人信息管理模块、查询课程模块、录入成绩模块、查询成绩模块。

3.2　总 体 设 计

3.2.1　系统目标

本书主要目的是开发出一个操作简便、界面友好、灵活实用、安全可靠的学生成绩管理系统。该系统的开发以任课教师和学生为对象,能够提高学校对学生成绩的管理效率,减轻教务管理人员对学生成绩的管理负担,提高学校对学生成绩的规范化管理。

3.2.2　构建开发环境

• 系统开发平台:Microsoft Visual Studio 2012。

- 系统开发语言：C♯。
- 数据库：Microsoft SQL Server 2012。
- 运行平台：Windows 7/Windows XP(SP3)。

3.2.3 软件功能结构

学生成绩管理系统是一个典型的应用开发程序，主要由五大功能模块组成：登录模块、个人信息管理模块、查询课程模块、录入成绩模块、查询成绩模块。具体如下：

1. 登录模块

登录模块主要用来验证用户是否合法，合法用户即可登录学生成绩管理系统。该系统的用户分为两种：教师和学生，教师和学生的用户信息是由学校人事部门和教务部门事先录入完成的，所以该系统不需要有注册功能，只需根据用户类别、账号和密码验证用户信息是否合法。

2. 个人信息管理模块

个人信息管理模块主要包括修改密码功能、查询个人信息功能、修改个人信息功能。这里的用户分为教师和学生，合法的教师和学生用户登录系统后，可以对自己的密码和个人信息进行修改，无法修改他人信息。

3. 查询课程模块

查询课程模块是针对教师用户设置的，合法教师用户登录系统后，可以按照学期查询教授课程的信息。

4. 录入成绩模块

录入成绩模块是针对教师用户设置的，合法教师用户登录系统后，根据学期查询所带课程信息，为课程录入成绩并保存，若课程有成绩存在，可以对已有成绩进行修改。

5. 查询成绩模块

查询成绩模块是对学生用户设置的，合法学生用户登录系统后，可以按照学期查看课程成绩信息。

学生成绩管理系统的功能结构如图 3-1 所示。

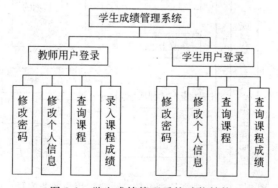

图 3-1　学生成绩管理系统功能结构

3.2.4 业务流程图

学生成绩管理系统的业务流程图如图 3-2 和图 3-3 所示。

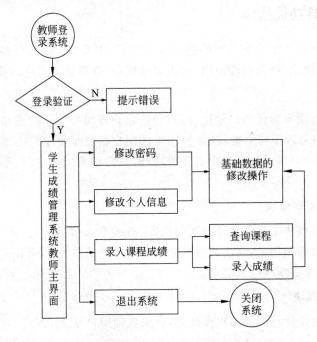

图 3-2 学生成绩管理系统——教师用户业务流程

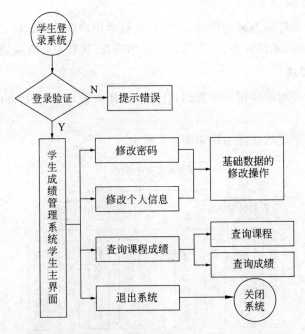

图 3-3 学生成绩管理系统——学生用户业务流程

3.3　数据库设计

数据库设计的好坏直接影响项目成功与否,所以数据库设计是项目开发中重要的一环。学生成绩管理系统采用 Microsoft SQL Server 2012 数据库,名称为 ScoreDB,其中包含 10 张数据表、2 个存储过程。本节将给出数据库的详细设计。

3.3.1　数据库概要说明

为了清晰地展示学生成绩管理系统数据库的整体结构,本书给出数据库中数据表和存储过程的树形结构,如图 3-4 所示。

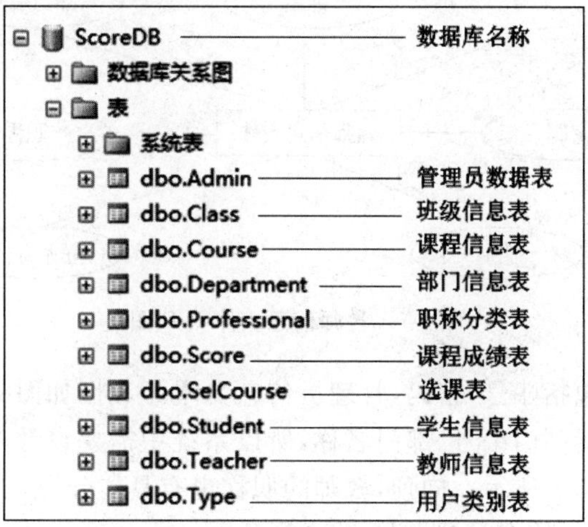

```
□ 📦 ScoreDB ───────────── 数据库名称
   ⊞ 📁 数据库关系图
   □ 📁 表
      ⊞ 📁 系统表
      ⊞ 🗔 dbo.Admin ───────── 管理员数据表
      ⊞ 🗔 dbo.Class ───────── 班级信息表
      ⊞ 🗔 dbo.Course ──────── 课程信息表
      ⊞ 🗔 dbo.Department ──── 部门信息表
      ⊞ 🗔 dbo.Professional ── 职称分类表
      ⊞ 🗔 dbo.Score ───────── 课程成绩表
      ⊞ 🗔 dbo.SelCourse ───── 选课表
      ⊞ 🗔 dbo.Student ─────── 学生信息表
      ⊞ 🗔 dbo.Teacher ─────── 教师信息表
      ⊞ 🗔 dbo.Type ────────── 用户类别表
```

图 3-4　学生成绩管理系统数据库的整体结构

3.3.2　实体 E-R 图

通过对系统进行的需求分析、业务流程设计以及系统功能结构的确定,规划出系统中使用的数据库实体对象及实体 E-R 图。

该系统有不同权限的用户,所以需要对用户进行分类,这样需要设计一个用户类别表,包括类别代码、类别名称。用户类别信息实体 E-R 图如图 3-5 所示。

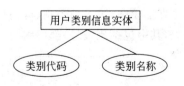

图 3-5　用户类别信息实体 E-R 图

该系统共有三种类别用户,包括学生、教师、管理员,为了系统操作方便,这里需要设计三个用户信息表:学生信息表、教师信息表、管理员数据表。学生信息表中包括学号、姓名、班级号、密码、身份证号码、性别、联系方式、通讯地址,学生信息实体 E-R 图如图 3-6 所示。

教师信息表中包括工号、姓名、部门编号、密码、性别、职称、联系方式,教师信息实体

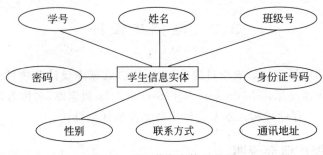

图 3-6　学生信息实体 E-R 图

E-R 图如图 3-7 所示。

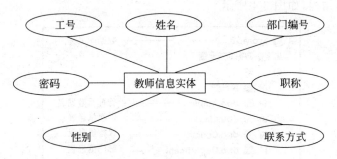

图 3-7　教师信息实体 E-R 图

　　管理员数据表中包括账号、密码,管理员信息实体 E-R 图如图 3-8 所示。

　　教师所在部门包括部门编号、部门名称,所以系统中需要设计一个部门信息表,部门信息实体 E-R 图如图 3-9 所示。同理,教师的职称也有具体分类,所以系统中需要有一个职称信息表,职称信息实体 E-R 图如图 3-10 所示。

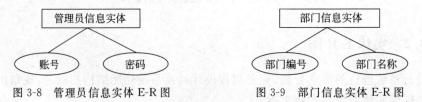

图 3-8　管理员信息实体 E-R 图　　　　　　图 3-9　部门信息实体 E-R 图

　　在学校中,班级与系别、部门也有一定的对应关系,故在系统中需要设计一个班级信息表,其中包括班级号、部门编号。班级信息实体 E-R 图如图 3-11 所示。

图 3-10　职称信息实体 E-R 图　　　　　　图 3-11　班级信息实体 E-R 图

　　该系统中管理的是学生的课程成绩,所以需要有课程信息表存放课程编号、课程名称、课程性质、课程学分等信息。课程信息实体 E-R 图如图 3-12 所示。

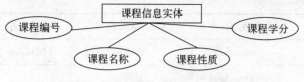

图 3-12　课程信息实体 E-R 图

学生成绩管理系统中关键是选课功能，所以设计一个选课表，其中包括课程编号、教师工号、班级号、学期。选课信息实体 E-R 图如图 3-13 所示。

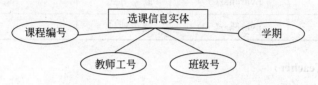

图 3-13　选课信息实体 E-R 图

该系统中还需要设计一个课程成绩表，其中包括学号、课程编号、成绩、学期，课程成绩信息实体 E-R 图如图 3-14 所示。

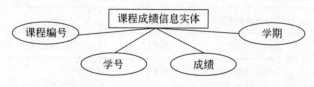

图 3-14　课程成绩信息实体 E-R 图

3.3.3　数据表设计

该系统的数据库命名为 ScoreDB，结合实际情况及对实体 E-R 图的分析，设计了 10 个数据表，具体数据结构如下。

1. 用户类别表（Type）

表 3-1　用户类别表

字 段 名 称	数 据 类 型	字 段 说 明	键 引 用	备　注
UserType	nvarchar(50)	类别代码	主键	不允许为空
UserTypeName	nvarchar(50)	类别名称		不允许为空

2. 学生表（Student）

表 3-2　学生表

字 段 名 称	数 据 类 型	字 段 说 明	键 引 用	备　注
ID	nvarchar(50)	学生学号	主键	不允许为空
StudentName	nvarchar(50)	学生姓名		

续表

字 段 名 称	数 据 类 型	字段说明	键引用	备 注
ClassID	nvarchar(50)	班级号	外键(Class)	
Password	nvarchar(50)	密码		
IdentityID	nvarchar(50)	身份证号码		
Sex	nvarchar(50)	性别		
Phone	nvarchar(50)	联系方式		
Address	nvarchar(50)	通讯地址		

3. 教师表（Teacher）

表 3-3　教师表

字 段 名 称	数 据 类 型	字段说明	键引用	备 注
ID	nvarchar(50)	教师工号	主键	不允许为空
TeacherName	nvarchar(50)	教师姓名		
DepartID	int	部门编号	外键(Deparment)	
Password	nvarchar(50)	密码		
Sex	nvarchar(50)	性别		
Professional	nvarchar(50)	职称		
Phone	nvarchar(50)	联系方式		

4. 管理员数据表（Admin）

表 3-4　管理员数据表

字 段 名 称	数 据 类 型	字段说明	键引用	备 注
ID	nvarchar(50)	账号	主键	不允许为空
Password	nvarchar(50)	密码		

5. 部门信息表（Department）

表 3-5　部门信息表

字 段 名 称	数 据 类 型	字段说明	键引用	备 注
DepartID	int	部门编号	主键	不允许为空
DepartName	nvarchar(50)	部门名称		

6. 职称信息表（Professional）

表 3-6　职称信息表

字 段 名 称	数 据 类 型	字段说明	键引用	备　注
ProfessionalID	int	职称编号	主键	不允许为空
ProfessionalName	nvarchar(50)	职称名称		不允许为空

7. 班级信息表（Class）

表 3-7　班级信息表

字 段 名 称	数 据 类 型	字段说明	键引用	备　注
ClassID	nvarchar(50)	班级号	主键	不允许为空
DepartID	int	部门编号	外键（Department）	不允许为空

8. 课程信息表（Course）

表 3-8　课程信息表

字 段 名 称	数 据 类 型	字段说明	键引用	备　注
CourseID	nvarchar(50)	课程编号	主键	不允许为空
CourseName	nvarchar(50)	课程名称		
Type	nvarchar(50)	课程类别		
Mark	nvarchar(50)	课程学分		

9. 选课信息表（SelCourse）

表 3-9　选课信息表

字 段 名 称	数 据 类 型	字段说明	键引用	备　注
CourseID	nvarchar(50)	课程编号	外键（Course）	
TeacherID	nvarchar(50)	教师工号	外键（Teacher）	
ClassID	nvarchar(50)	班级编号	外键（Class）	
Term	nvarchar(50)	学期		

10. 课程成绩表（Score）

表 3-10　课程成绩表

字 段 名 称	数 据 类 型	字段说明	键引用	备　注
StudentID	nvarchar(50)	学生学号	外键（Student）	
CourseID	nvarchar(50)	课程编号	外键（Course）	
Score	float	成绩		
Term	nvarchar(50)	学期		

3.3.4　存储过程设计

本系统中设计了 2 个存储过程：GetCourseByTeacherID 和 DisplayScore。

存储过程 GetCourseByTeacherID 的功能是根据教师工号和学期信息查询出该学期教师所教授课程的信息。创建该存储过程的 SQL 语句如下：

```
CREATE PROCEDURE [dbo].[GetCourseByTeacherID]
    @TeacherID NVARCHAR(50),
    @Term NVARCHAR(50)
AS
BEGIN
    SELECT  SelCourse.ClassID 班级,
            Course.CourseID 课程编号,
            Course.CourseName 课程名称
    FROM  Course,SelCourse
    WHERE Course.CourseID=SelCourse.CourseID
          and SelCourse.TeacherID=@TeacherID
          and SelCourse.Term=@Term
END
```

存储过程 DisplayScore 的功能是根据学号和学期信息查询出该学期学生所学课程的成绩信息。创建该存储过程的 SQL 语句如下：

```
ALTER PROCEDURE [dbo].[DisplayScore]
    @StudentID NVARCHAR(50),
    @Term NVARCHAR(50)
AS
BEGIN
    IF @Term='0'
      BEGIN
        SELECT Course.CourseName 课程名称,Score.Score 成绩
        FROM Course,Score
        WHERE Course.CourseID=Score.CourseID
            and Score.StudentID=@StudentID
      END
    ELSE
      BEGIN
        SELECT Course.CourseName 课程名称,Score.Score 成绩
        FROM Course,Score
        WHERE Course.CourseID=Score.CourseID
            and Score.StudentID=@StudentID
            and Score.Term=@Term
      END
END
```

3.4 系统功能介绍

前面介绍过学生成绩管理系统主要由五大功能模块组成,共涉及 10 个窗体,本节中简要介绍窗体的功能,在后续章节中会详细介绍各窗体的开发流程。

3.4.1 系统启动窗体

系统启动窗体是系统启动时显示的窗体,该窗体中给出【管理员登录】、【用户登录】的链接,通过选择不同用户的登录方式可跳转到登录窗体。

3.4.2 学生(教师)登录窗体

学生登录窗体和教师登录窗体在同一个窗体中实现,根据选择用户类别来区分不同用户,该窗体中输入用户账号和密码实现登录功能。如果是合法用户即可登录到系统主界面,如果不是合法用户,系统会给出具体提示。

注意:若学生用户登录,用户账号需要输入学生的学号,若教师用户登录,用户账号需要输入教师的工号。

3.4.3 主窗体

主窗体中包含工具栏、任务栏,任务栏中显示当前登录用户的姓名和日期时间。工具栏中显示操作按钮。如果是学生主窗体,工具栏中显示【修改密码】、【修改个人信息】、【我的成绩】、【退出】功能按钮。如果是教师主窗体,工具栏中显示【修改密码】、【修改个人信息】、【录入成绩】、【退出】功能按钮。

3.4.4 修改密码窗体

教师和学生修改密码功能都是在修改密码窗体中实现的,该窗体要求录入两次新密码,两次新密码一致即可完成修改密码功能。

3.4.5 修改个人信息窗体

教师和学生修改个人信息功能是在两个不同的窗体中实现的:修改学生信息窗体和修改教师信息窗体,这两个窗体的信息内容不一样,但修改个人信息的理论是一样的,都需要显示现有的个人信息,用户根据需要修改信息之后,单击【确定】按钮完成修改操作。

3.4.6 教师录入成绩窗体

教师录入成绩的过程是先选择学期,根据学期查询出该学期教师教授课程的列表,再从列表中选择需要录入成绩的班级,显示出该班级的学生姓名,按照姓名录入成绩,保存。

3.4.7　学生查询成绩窗体

学生查询成绩的过程是先选择学期,根据学期查询出该学期所学课程和课程成绩,在列表中查看,无法修改。

本　章　小　结

本章从需求分析、总体设计、数据库设计、系统功能四个方面对学生成绩管理系统做了简要介绍,使读者了解本书中要实现的系统具体有哪些功能,数据库中有哪些数据表和存储过程,为后续学习做准备。

第4章 学生成绩管理系统——启动窗体设计

本章要点

➢ 基本控件的使用：Windows 窗体、Label 控件、LinkLabel 控件、TextBox 控件。
➢ 多窗体项目介绍。
➢ 线程的概念。

学习目标

• 理解基本控件的属性及用法。
• 学会使用基本控件。
• 掌握多窗体的概念。
• 会设计多窗体项目。
• 理解线程的概念。
• 会使用线程解决简单问题。

4.1 本 章 任 务

本章任务是完成学生成绩管理系统中启动窗体的设计,启动窗体运行效果如图 4-1 所示,在该窗体中给出系统登录的入口。

图 4-1 学生成绩管理系统启动窗体

在启动窗体中有三个超链接按钮,单击【管理员登录】按钮,系统跳转至管理员登录窗体,如图 4-2 所示。单击【用户登录】按钮,系统跳转至用户登录窗体,如图 4-3 所示。

图 4-2　管理员登录窗体

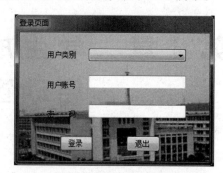

图 4-3　用户登录窗体

4.2　准　备　工　作

学生成绩管理系统启动窗体涉及的知识内容包括控件、多窗体程序、线程。本节从这三个方面进行知识准备。

4.2.1　Windows 窗体

在 Windows 窗体应用程序中,窗体是向用户展示信息的窗口,是 Windows 窗体应用程序的基本单元。

1. 创建空白 Windows 窗体

创建空白 Windows 窗体的步骤如下:

(1) 在 Visual Studio 2012 开发环境中,依次选择菜单【文件】→【新建】→【项目】命令,打开【新建项目】对话框。

(2) 在左侧【模板】选中【Visual C♯】,并在右侧项目类型中选择【Windows 窗体应用程序】选项,然后在对话框下方的【名称】文本框中输入该项目的名称,在【位置】文本框中输入该项目存放位置,也可单击【浏览】按钮选择保存位置,如图 4-4 所示。

(3) 单击【确定】按钮,在 Visual Studio 2012 开发环境中出现一个空白 Form 窗体,名称为 Form1,如图 4-5 所示。

在图 4-5 中可以看出,Windows 窗体具有所有标准的 Windows 特征,包括标题栏、最大化、最小化和关闭按钮。在 Windows 窗体中,用鼠标拖动窗体右下角的手柄,可以调整窗体的大小,如图 4-6 所示。

2. 设置窗体属性

窗体也是对象,.NET 框架类库的 System.Windows.Forms 命名空间中定义的 Form 类是所有窗体类的基类,每实例化一个窗体类,就创建了一个窗体。Visual Studio 2012 开发环境中默认的窗体对象名称为 Form1,它是 Form 类的一个对象。

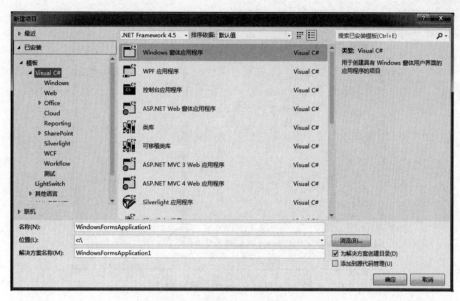

图 4-4　【新建项目】对话框

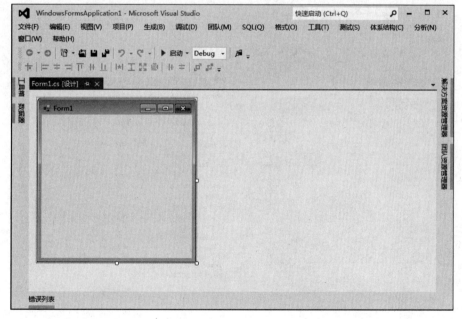

图 4-5　空白窗体 Form1

新建的 Windows 窗体包含一些基本组成要素,如标题、位置、大小、背景等,设置这些可以通过 Windows 窗体的属性窗口进行设置,也可以通过代码实现。为了快速开发 Windows 应用程序,通常采用属性窗口进行设置。

(1) 打开【属性】窗口

在 Visual Studio 2012 开发环境中,选择菜单命令【视图】→【属性窗口】,出现【属性】

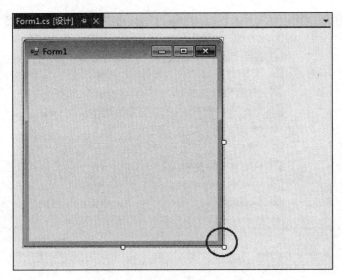

图 4-6　Windows 窗体设计窗口

窗口,也可以按 F4 键用来显示【属性】窗口。Windows 窗体的属性窗口如图 4-7 所示。

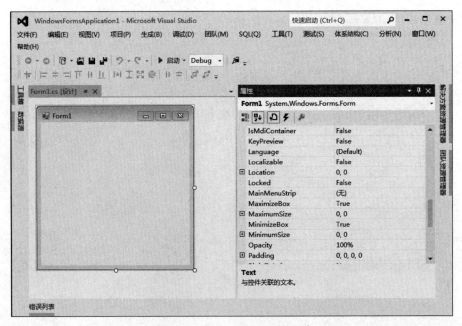

图 4-7　Visual Studio 2012 右侧出现【属性】窗口

　　注意:【属性】窗口的顶部的文本框中显示的 Form1 是对象名称,而 System.Windows.Forms.Form 是 Form1 对象所属的类。

　　在【属性】窗口中,属性可以按照"字母顺序"排序,也可以按照"分类顺序"排序。在图 4-7 中根据可以看出属性是按照"字母顺序"排序的。

　　表 4-1 列出 Form 类的常用属性。

表 4-1　**Form 类的常用属性**

属 性 名 称	说　　明
Name	决定窗体的名称,该名称既是窗体对象的名称,也是保存在磁盘上的窗体文件的名称,窗体文件的扩展名为.cs
BackgroudImage	将窗体背景设置为图片
ControlBox	设置窗体是否有最大化、最小化、关闭按钮
Font	设置窗体中控件默认的字体、字号和字型
IsMdiContainer	设置窗体是否是父窗体
StartPosition	设置窗体运行时的起始位置
Text	设置窗体标题栏中显示的标题内容
WindowState	设置窗体以何种状态打开,有默认大小、最大化和最小化三种状态

（2）设置窗体的标题栏

新建 Windows 窗体应用程序,系统会默认创建一个 Form1 窗体,在此窗体的标题栏上显示"Form1",如果想更换标题栏信息,可以在属性窗口（如图 4-8 所示）中设置窗体的 Text 属性,窗体的标题栏信息更改前和更改后的效果如图 4-9 和图 4-10 所示。

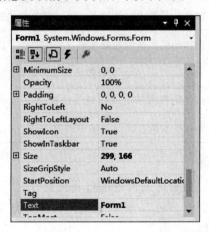

图 4-8　窗体的 Text 属性

图 4-9　窗体默认标题栏

图 4-10　更改后的窗体标题栏

（3）隐藏窗体的标题栏

在项目开发中，有时需要无标题栏的窗体，这时需要隐藏窗体的标题栏。设置方法是将窗体的 ControlBox 属性设置为 False，同时窗体的 Text 属性内容清空，窗体的效果如图 4-11 所示。

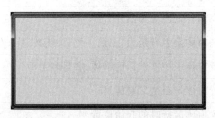

图 4-11   隐藏标题栏的窗体

（4）控制窗体的显示位置

窗体的显示位置是由窗体的 StartPosition 属性决定的，StartPosition 属性有 5 个属性值，具体如表 4-2 所示。

表 4-2   StartPosition 属性值及说明

属 性 值	说 明
Manual	窗体的位置由窗体的 Location 属性值决定
CenterScreen	窗体的位置在当前显示窗口居中
WindowsDefaultLocation	窗体定位在 Windows 默认位置，其尺寸在窗体大小 Size 属性中指定
WindowsDefaultBounds	窗体定位在 Windows 默认位置，其边界也由 Windows 默认决定
CenterParent	窗体的位置在其父窗体中居中

（5）设置窗体的背景

为使窗体更加美观，可以对窗体的背景进行美化设计。开发人员通过两种方式设置窗体背景，一是设置窗体的背景颜色，二是设置窗体的背景图片。

• 设置窗体的背景颜色

通过窗体的 BackColor 属性设置窗体背景颜色，如图 4-12 所示。

• 设置窗体的背景图片

通过窗体的 BackgroundImage 属性设置窗体背景图片，如图 4-13 所示，单击 按钮，打开【选择资源】对话框，如图 4-14 所示。在【选择资源】对话框中有两个选项，一个是【本地资源】，另一个是【项目资源文件】，其差别是选择【本地资源】后，直接选择图片，保存的是图片的路径；而选择【项目资源文件】后，会将选择的图片保存到项目资源文件 Resources.resx 中。无论哪种方法，都要单击对应的【导入】按钮选择图片，选择之后单击【确定】按钮完成对窗体背景图片的设置，Form1 窗体设置背景图片的效果如图 4-15 所示。

图 4-12　窗体的 BackColor 属性　　　　　图 4-13　窗体的 BackgroundImage 属性

图 4-14　【选择资源】对话框

图 4-15　设置背景图片后的窗体

（6）设置窗体的最大化和最小化

Windows 窗体标题栏右侧提供了"最大化"和"最小化"按钮，开发人员可以根据实际需要设置是否使用"最大化"和"最小化"按钮。窗体的 MaximizeBox 属性设置"最大化"按钮，该值为 True 则"最大化"按钮可用，该值为 False 则"最大化"按钮不可用。窗体的 MinimumSize 属性设置"最小化"按钮，该值为 True 则"最小化"按钮可用，该值为 False 则"最小化"按钮不可用。

窗体的 WindowState 属性可以设置窗体启动时默认是最大化还是最小化，该属性有 3 个属性值，如表 4-3 所示。

表 4-3   WindowState 属性值及说明

属 性 值	说 明	属 性 值	说 明
Normal	窗口默认大小	Maximized	最大化窗口
Minimized	最小化窗口		

3．调用窗体方法

（1）显示窗体

显示窗体使用 Show 方法或 ShowDialog 方法。

Show 方法：是以非模态形式显示窗体对象。非模态是指两个窗体都是打开的，用户可以从一个窗体切换到另一个窗体上。

显示窗体时，必须首先声明一个窗体对象，之后才能显示该对象。

【实例 4-1】

```
Form1 newform=new Form1();
newform . Show();
```

ShowDialog 方法：以模态形式显示窗体对象。当使用 ShowDialog 方法时，新窗体以模态形式显示，用户必须以某种方式来响应该窗体，在用户响应并隐藏或关闭模态窗体之前，任何其他程序代码都不能执行。

【实例 4-2】

```
Form1 newform=new Form1();
newform . ShowDialog();
```

（2）隐藏窗体

隐藏窗体使用 Hide 方法。隐藏的窗体继续保留在内存中，为再次显示做好准备。当用户有可能再次显示某个窗体时，建议使用 Hide 方法。

【实例 4-3】

```
Form1 newform=new Form1();
newform.Hide();
```

（3）关闭窗体

关闭窗体使用 Close 方法。对非模态窗体来说，Close 方法将销毁窗体实例，并将其从内存中删除；对模态窗体来说，Close 方法只是将窗体隐藏。

【实例 4-4】

```
Form1 newform=new Form1();
newform.Close();
```

4. 触发窗体事件

当用户对窗体进行某一操作时，会触发某个事件的发生，此时就会调用我们写好的事件处理程序代码，实现对程序的操作。Windows 窗体类常见的事件如表 4-4 所示。

表 4-4 Windows 窗体类的常用事件表

事 件 名 称	说 明	事 件 名 称	说 明
Activated 事件	窗体被代码激活时发生	GetFocus 事件	窗体获得焦点时发生
Click 事件	窗体被鼠标单击时发生	Load 事件	窗体载入（显示）时发生
Closed 事件	窗体被用户关闭时发生		

（1）Load 事件

当窗体加载（显示）时，会触发窗体的 Load 事件，该事件是窗体的默认事件，在 Visual Studio 2012 编辑窗体时，双击窗体之后定位到 Form1_Load 事件方法。

【实例 4-5】 程序运行时，窗体的标题显示"Hello Windows Form"。

```
private void Form1_Load(object sender, EventArgs e)
{
    this.Text="Hello Windows Form";
}
```

（2）Click 事件

当用户单击窗体时，会触发窗体的 Click 事件，在窗体的属性窗口中选择 ⚡ 事件按钮（如图 4-16 所示），即可找到 Click 事件，对 Click 事件双击后定位到 Form1_Click 事件方法。

图 4-16 窗体的事件列表

【**实例 4-6**】 程序运行时,单击窗体即可改变窗体的标题。

```
private void Form1_Click(object sender, EventArgs e)
{
    this.Text="触发 Form 的 Click 事件";
}
```

4.2.2 Label 控件

Label 控件又称为标签控件,经常用于显示文本,标签的内容用来为用户显示提示信息。Text 属性是标签最重要的属性,要显示的文本信息就在 Text 属性中。另外,用户可以使用标签控件在窗体上画线。图 4-17 所示为标签控件,图 4-18 所示为标签控件拖放到窗体中的效果。

A Label   label1

图 4-17 Label 控件 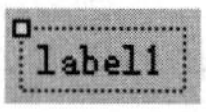   图 4-18 窗体中 Label 控件效果

【**实例 4-7**】 标签的应用。程序运行界面如图 4-19 所示。

新建 Windows 应用程序,在窗体上添加 3 个 Label 控件,控件的设置方法如下:

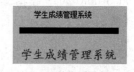

图 4-19 标签应用运行界面

第一个 Label:将 Text 属性设置为"学生成绩管理系统"。

第二个 Label:将 Text 属性设置为空白,AutoSize 属性设置为"False",BackColor 属性设置为"Blue",将 Label 控件拉伸为合适大小的直线。

第三个 Label:将 Text 属性设置为"学生成绩管理系统",Font 属性中 Name 设置为"楷体",Font 属性中 Size 值设置为"15",ForeColor 属性设置为"Red"。

4.2.3 LinkLabel 控件

LinkLabel 控件又称为超链接标签控件,是显示超链接功能的标签控件,通常用于超链接。Text 属性是其最重要的属性,要显示的文本就包含在 Text 属性中。LinkClicked 事件是其常用事件,在单击超链接标签时发生。图 4-20 所示为超链接标签控件,图 4-21 所示为超链接标签控件拖放到窗体中的效果。

A LinkLabel   linkLabel1

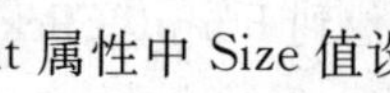

图 4-20 LinkLabel 控件 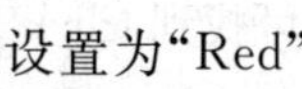   图 4-21 窗体中 LinkLabel1 控件效果

【**实例 4-8**】 超链接标签的应用。程序运行界面如图 4-22 所示。

在窗体上添加 1 个 LinkLabel 控件,将 Text 属性设置为"超链接",LinkClicked 事件代码如下:

超链接

图 4-22　超链接标签

```
private void linkLabel1_LinkClicked(object sender, LinkLabelLinkClickedEventArgs e)
{
    Login loginForm=new Login();
    loginForm.ShowDialog();
}
```

4.2.4　TextBox 控件

TextBox 控件又称为文本框控件，用于获取用户输入或显示文本，通常用于可编辑文本，也可以设定其成为只读控件。文本框能够显示多行数据，也可以设置文本换行等基本格式。图 4-23 所示为文本框控件，图 4-24 所示为文本框控件拖放到窗体中的效果。

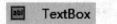

图 4-23　TextBox 控件 　　　　　　图 4-24　窗体中 TextBox 控件效果

1. 属性

TextBox 控件的常用属性如表 4-5 所示。

表 4-5　TextBox 控件的常用属性

属 性 名 称	说　　明
AutoSize	获取或设置是否自动调整控件的大小
BackColor	获取或设置控件的背景色
Enabled	获取或设置控件是否可以对用户交互做出响应
MaxLength	获取或设置用户可在文本框控件中输入的最大字符数
MultiLine	指示文本框控件是否为多行控件
Name	控件的名称
PasswordChar	获取或设置文本框控件中输入的密码字符
ReadOnly	获取或设置文本框控件是否只读
ScrollBars	获取或设置文本框控件中的滚动条
Text	获取或设置 TextBox 中的当前文本
Visible	获取或设置文本框控件是否可见

2. 事件

TextBox 控件的常用事件如表 4-6 所示。

表 4-6   TextBox 控件的常用事件

事 件 名 称	说 明
Enter	进入控件时发生
Leave	在输入焦点离开控件时发生
Validating	在控件正在验证时发生
Validated	在控件完成验证时发生
KeyDown	在控件有焦点的情况下按下键时发生
KeyUp	在控件有焦点的情况下释放键时发生
TextChanged	在 Text 属性值更改时发生

【实例 4-9】 文本框的常见属性应用。程序界面如图 4-25 所示。

图 4-25 程序界面   图 4-26 运行结果

新建一个 Windows 窗体应用程序,在窗体上添加 4 个文本框控件。控件的设置方法如下:

第一个 TextBox:属性不做任何修改,默认状态。

第二个 TextBox:将 PasswordChar 属性设置为" * "。

第三个 TextBox:将 Multiline 属性设置为"true",ScrollBars 属性设置为"Vertical"。

第四个 TextBox:将 ReadOnly 属性设置为"true",Text 属性设置为"只读属性"。

运行程序,在每个文本框中输入一些内容,具体结果如图 4-26 所示。

【实例 4-10】 文本框的常见事件应用。程序设计界面如图 4-27 所示,程序运行时在文本框中输入内容,下方标签控件同步显示文本框内容,效果如图 4-28 所示。

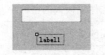

图 4-27   程序界面   图 4-28   运行效果

新建一个 Windows 窗体应用程序,在窗体上添加 1 个文本框控件和 1 个标签控件,文本框控件的 TextChanged 事件代码如下:

```
private void textBox1_TextChanged(object sender, EventArgs e)
{
```

```
    label1.Text=textBox1.Text;
}
```

4.2.5 多窗体项目

一个 Windows 应用程序中不可能只包含一个窗体，为了实际需要，在应用程序中包括多个窗体，应用程序运行时显示的第一个窗体被称为启动窗体。可以给应用程序添加其他窗体，并在需要时显示它们。

1. 显示启动窗体

Windows 应用程序的入口点是在 Program.cs 文件中的 Main 方法，可以在【解决方案资源管理器】中查看该文件。双击文件名，打开文件找到程序入口点 Main 方法，查看其中代码，当前启动窗体是 Form1，见图 4-29。

```
static class Program
{
    /// <summary>
    /// 应用程序的主入口点。
    /// </summary>
    [STAThread]
    static void Main()
    {
        Application.EnableVisualStyles();
        Application.SetCompatibleTextRenderingDefault(false);
        Application.Run(new Form1());
    }
}
```

图 4-29 启动窗体代码

2. 添加新窗体

添加新窗体的方法：

（1）选择【项目】菜单的【添加 Windows 窗体】，如图 4-30 所示。

图 4-30 【项目】菜单中的【添加 Windows 窗体】

（2）在【解决方案资源管理器】中，鼠标右击项目名称，选择【添加】子菜单中的【Windows 窗体】，如图 4-31 所示。

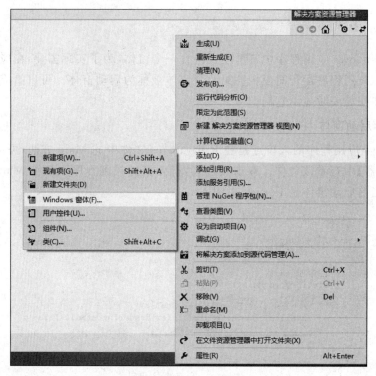

图 4-31　【添加】菜单中的【Windows 窗体】

通过以上两种方法都会弹出【添加新项】对话框（如图 4-32 所示），选择【Windows 窗体】，为新窗体命名，单击【添加】按钮，完成在项目中添加新窗体操作。

图 4-32　【添加新项】对话框

3. 添加已有的窗体

窗体可以用在多个应用程序中。有时可能需要在新的应用程序中使用之前其他程序中的窗体。每个窗体包含三个文件,扩展名分别为.cs、.designer.cs、.resx。

添加已有窗体的方法:

(1) 选择【项目】菜单的【添加现有项】。

(2) 在【解决方案资源管理器】中,鼠标右击项目名称,选择【添加】子菜单中的【现有项】,出现【添加现有项】对话框。

(3) 在【添加现有项】对话框中选中要添加的窗体文件,单击【添加】按钮完成添加现有窗体的操作。

4. MDI 窗体

MDI 窗体应用程序也称为多文档界面(Multiple Document Interface,MDI),它是 Windows 应用程序常用的一种典型结构。MDI 也是多窗体结构,它由一个"父窗体"和多个"子窗体"构成。"父窗体"是一个包容式的窗体,它为所有的"子窗体"提供操作空间,其中可以包含多个"子窗体","子窗体"会被限制在"父窗体"的区域内。

【实例 4-11】 MDI 窗体的设计。在 Windows 窗体应用程序中添加新窗体"Form2",将 Form1 窗体设置为"父窗体",Form2 为"子窗体"。设计步骤如下:

(1) 添加"Form2"窗体。

(2) 指定 Form1 为"父窗体"。将 Form1 的 IsMdiContainer 属性设置为"True"。此时 Form1 窗体界面如图 4-33 所示。

图 4-33　Form1 为父窗体效果图

(3) 指定 Form2 为"子窗体"。MdiParent 属性指定本窗体的父窗体,从而将本窗体设置为 MDI 子窗体,MdiParent 属性不能在属性窗口中设置,需要在程序中动态设置。在 Form1 窗体中加入一个按钮控件,在按钮的单击事件中完成子窗体的指定代码。程序运行时,单击按钮,在 Form1 父窗体中打开 Form2 子窗体,如图 4-34 所示。

```
private void button1_Click(object sender, EventArgs e)
{
    Form2 frm=new Form2();
    frm.MdiParent=this;          //指定 Form2 的父窗体是 Form1,Form2 为子窗体
```

```
    frm.Show();
}
```

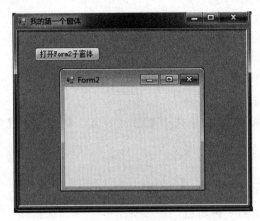

图 4-34　在父窗体中打开子窗体效果图

4.2.6　线程介绍

在 Windows 操作系统中,每个正在运行的应用程序都是一个进程,一个进程可以包括多个线程,多线程的应用程序可以在同一时刻处理多项任务,在多个线程中有一个是进程的主线程。

在.NET 基础类库的 System.Threading 命名空间中提供了大量的类和接口支持多线程。System.Threading.Thread 类是创建并控制线程,设置其优先级并获取其状态最为常用的类。

Thread.Start():启动线程的执行;

Thread.Suspend():挂起线程,或者如果线程已挂起,则不起作用;

Thread.Resume():继续已挂起的线程;

Thread.Interrupt():中止处于 Wait 或者 Sleep 或者 Join 线程状态的线程;

Thread.Join():阻塞调用线程,直到某个线程终止时为止;

Thread.Sleep():将当前线程阻塞指定的毫秒数;

Thread.Abort():以开始终止此线程的过程。如果线程已经在终止,则不能通过 Thread.Start()来启动线程。

【**实例 4-12**】　创建一个 Windows 窗体应用程序,添加两个窗体 Form1 和 Form2,并在 Form1 窗体中定义一个显示 Form2 的方法 Form2Show,然后在 Form1 中按钮的单击事件中通过实例化 Thread 类对象创建一个新线程,最后调用线程的 Start 方法启动该线程,显示 Form2 窗体。代码如下:

```
public void Form2Show()
{
    Form2 frm=new Form2();
    Application.Run(login);
```

```
    }
private void button1_Click(object sender, EventArgs e)
{
    Thread t=new Thread(new ThreadStart(Form2Show));
    t.Start();
    this.Close();
}
```

4.3　完成启动窗体

4.3.1　设计界面

1. 启动窗体设计（FlashForm）

在 Visual Studio 2012 开发环境中，新建 Windows 窗体应用程序，命名为"ScoreMIS"。在 ScoreMIS 项目中添加一个新窗体，命名为"FlashForm.cs"。在该窗体中加入一个标签控件（Label），三个超链接标签控件（LinkLabel），效果如图 4-1 所示。

2. 用户登录窗体设计（Login）

在 ScoreMIS 项目中添加一个新窗体，命名为"Login.cs"。在该窗体中加入三个标签控件（Label），一个组合框控件（ComboBox），两个文本框控件（TextBox），两个按钮控件（Button），效果如图 4-3 所示。

4.3.2　设置属性

1. 启动窗体（FlashForm）

启动窗体及其各个控件的属性设置见表 4-7。

表 4-7　启动窗体控件属性表

对　　象	控件类	属　性	属　性　值
FlashForm	Form	Name	FlashForm
		Text	（无）
		BackgroundImage	ScoreMIS. Properties. Resources. photo
		ControlBox	False
		StartPosition	CenterScreen
学生成绩管理系统	Label	Name	Label1
		BackColor	Transparent
		Font	华文隶书，30pt，style＝Bold
		Text	学生成绩管理系统

续表

对象	控件类	属性	属 性 值
管理员登录	LinkLabel	Name	linkAdminLogin
		AutoSize	True
		BackColor	Transparent
		Font	宋体,15pt,style＝Bold
		Text	管理员登录
用户登录	LinkLabel	Name	linkUserLogin
		AutoSize	True
		BackColor	Transparent
		Font	宋体,15pt,style＝Bold
		Text	用户登录
退出	LinkLabel	Name	linkExit
		AutoSize	True
		BackColor	Transparent
		Font	宋体,15pt,style＝Bold
		Text	退出

2. 用户登录窗体设计（Login）

用户登录窗体及其各个控件的属性设置见表 4-8。

表 4-8　用户登录窗体控件属性表

对象	控件类	属性	属 性 值
Login	Form	Name	Login
		AcceptButton	btnLogin
		BackgroundImage	ScoreMIS. Properties. Resources. photo
		CanelButton	btnExit
		ControlBox	False
		FormBorderStyle	FixedDialog
		StartPosition	CenterScreen
		Text	登录页面
用户类别	Label	BackColor	Transparent
		Text	用户类别
用户账号	Label	BackColor	Transparent
		Text	用户账号
密码	Label	BackColor	Transparent
		Text	密码

续表

对　象	控件类	属　性	属　性　值
	ComboBox	Name	cmbType
		DropDownStyle	DropDownList
		Items	教师
			学生
	TextBox	Name	txtID
	TextBox	Name	txtPwd
		PasswordChar	*
登录	Button	Name	btnLogin
		Tcxt	登录
退出	Button	Name	btnExit
		Text	退出

4.3.3　编写代码

启动窗体(FlashForm)中每个超链接标签都有单击事件发生,具体事件处理功能见表 4-9。

表 4-9　启动窗体各对象事件处理列表

对　象	事　件　方　法	事　件　功　能
管理员登录	linkAdminLogin_ LinkClicked	打开管理员登录页面,关闭当前页面
用户登录	linkUserLogin _ LinkClicked	打开用户登录页面,关闭当前页面
退出	linkExit_ LinkClicked	退出应用程序

具体代码如下:

由于需要用到线程,所以在程序代码中导入线程的名称空间。

```
using System.Threading;
```

管理员登录的 LinkClicked 事件方法代码如下:

```
///<summary>
///显示 AdminLogin 页面的方法
///</summary>
public void AdminLoginShow()
{
    Admin.AdminLogin login=new ScoreMIS.Admin.AdminLogin();
    Application.Run(login);
}
private void linkAdminLogin _LinkClicked(object sender,
```

```
LinkLabelLinkClickedEventArgs e)
{
    Thread t=new Thread(new System.Threading.ThreadStart(AdminLoginShow));
    t.Start();
    this.Close();
}
```

用户登录的 LinkClicked 事件方法代码如下：

```
///<summary>
///显示 Login 页面的方法
///</summary>
public void LoginShow()
{
    Login login=new Login();
    Application.Run(login);
}
private void linkLogin_LinkClicked(object sender,
LinkLabelLinkClickedEventArgs e)
{
    Thread t=new Thread(new System.Threading.ThreadStart(LoginShow));
    t.Start();
    this.Close();
}
```

退出的 LinkClicked 事件方法代码如下：

```
///<summary>
///退出应用程序
///</summary>
private void linkExit_LinkClicked(object sender,
LinkLabelLinkClickedEventArgs e)
{
    this.Close();
}
```

本 章 小 结

　　本章主要完成学生成绩管理系统中启动窗体的设计。首先提出本章任务——完成启动窗体，然后为启动窗体的设计进行知识准备，主要介绍几种常用控件（Windows 窗体、Label、LinkLabel、TextBox）的使用方法、多窗体项目的设计以及线程概念和线程的应用，最后按照设计界面、设置属性和编写代码三个步骤完成启动窗体的设计。

　　Windows 窗体的使用方法：标题栏 Text 属性，背景颜色 BackColor 属性，背景图片 BackgroundImage 属性，标题栏控制按钮 ControlBox 属性，显示位置 StartPosition 属性；

添加新窗体；显示窗体方法 Show、ShowDialog，隐藏窗体方法 Hide，关闭窗体方法 Close；窗体的 Load 事件、Click 事件。

Label 的使用方法：Text 属性，Font 属性，ForeColor 属性。

LinkLabel 的使用方法：Text 属性，LinkClick 事件。

TextBox 的使用方法：Text 属性，PasswordChar 属性，TextChanged 事件。

多窗体项目的设计：指定父窗体（IsMdiContainer 属性），指定子窗体（MdiParent 属性）。

线程的用法：System. Threading 名称空间，Thread 类，Start 方法。

习　　题

填空题

1. 窗体类名称_____，标签类名称_____，链接标签类名称_____，文本框类名称_____。

2. 一个工程中显示的第一个窗体被称为_____。

选择题

1. 在 C♯ WinForms 程序中，创建一个窗体的后缀名为（　　）。
    A．.cs　　　　　　B．.aspx　　　　　C．.xml　　　　　D．.wsdl

2. 在 C♯ WinForms 程序中，以下（　　）项文件属于主程序文件。
    A. Properties.cs　　　　　　　　B. Form1.cs
    C. Form1.Designer.cs　　　　　　D. Program.cs

3. 在新建窗体中拖一控件，此控件自动生成的代码应放在以下（　　）文件中。
    A．.properties.cs　B．.cs　　　　C．.designer.cs　D．.resx

4. 以下是常用基本控件 Label、TextBox、Button 都有的属性（　　）。
    A. Checked　　　　B. Text　　　　C. Items　　　　D. Click

5. 在 WinForms 窗体中，为了禁用一个名为 btnOpen 的 Button 控件，下列做法正确的是（　　）。
    A. btnOpen.Enabled=true;　　　　B. btnOpen.Enabled=false;
    C. btnOpen.Visible=false;　　　　D. btnOpen.Visible=true;

6. 在 WinForms 中，用户关闭当前窗体的代码是（　　）。
    A. this.Closing()　B. this.Closed()　C. this.Close()　　D. this.Close

7. 让窗体初始化加载后显示在屏幕中央，需要设置以下（　　）项属性。
    A. WindowState　　　　　　　　B. ShowInTaskbar
    C. StartPosition　　　　　　　　D. FormBorderStyle

8. 窗体中有一个年龄文本框 txtAge，下面（　　）代码可以获得文本框中的年龄值。
    A. int age=txtAge;
    B. int age=int.Parse(txtAge.Text);

    C. int age＝Convert. ToInt32(txtAge)；

    D. int age＝txtAge. Text；

9. 若将文本框设置为密码框,需要设置(　　　)属性。

    A. 不需要设置任何属性   B. Password

    C. IsPassword   D. PasswordChar

10. 若将 Form1 窗体设置为父窗体,需要将(①)属性值设置为(②)。

① A. IsParent   B. IsMdiContainer

   C. IsParentForm   D. IsContainerForm

② A. true   B. false

   C. yes   D. no

操作题

完成启动窗体的设计。

简答题

多窗体项目中,父窗体与子窗体的关系是什么?

第 5 章　学生成绩管理系统——学生登录功能设计

本章要点

➢ 基本控件的使用：ListBox 控件、ComboBox 控件。

➢ 消息框的使用。

➢ ADO. NET 访问数据库。

学习目标

• 理解基本控件的属性及用法。

• 学会使用基本控件。

• 掌握消息框的用法。

• 理解 ADO. NET 概念。

• 掌握 ADO. NET 对象的应用。

• 会使用 ADO. NET 技术访问数据库。

5.1　本章任务

本章任务是完成学生成绩管理系统登录页面中学生登录功能的设计，登录窗体运行效果如图 5-1 所示。在该窗体中给出两种用户登录功能。

图 5-1　学生成绩管理系统登录窗体

学生登录功能：

对用户类别、用户账号和密码进行验证，验证通过之后登录系统进入学生主窗体（如图 5-2 所示）。需要输入的内容有用户类别、用户账号和密码。

图 5-2   学生主窗体

若输入内容出错则会出现以下几种提示信息，见图 5-3。

图 5-3   错误提示对话框

5.2   准 备 工 作

学生登录功能涉及的知识内容包括控件、访问数据库。本章从这两个方面进行知识准备。

5.2.1 列表框和组合框

列表框(ListBox)和组合框(ComboBox)都提供一列选项,用户可以从中做出选择。列表框可以一次选择一个或多个选项,而组合框只能选择一个选项,但可以在 ComboBox 的 TextBox 部分输入新选项。

1. 显示样式

当向窗体中添加列表框控件(ListBox)时,根据可用空间及控件中的选项数量呈现不同的显示效果,如图 5-4 所示。

当向窗体中添加组合框控件(ComboBox)时,通过设置该控件的 DropDownStyle 属性呈现不同的样式,具体如下:

Simple:使得 ComboBox 的列表部分总是可见的,如图 5-5(a)所示。

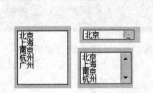

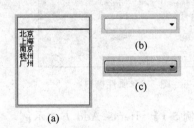

图 5-4 ListBox 控件的外观样式   图 5-5 ComboBox 控件的几种外观样式

DropDown:这个是默认值,使得用户可以编辑 ComboBox 控件的文本框部分,必须单击右侧的箭头才可以显示列表部分,如图 5-5(b)所示。

DropDownList:外观与 DropDown 的一样,不用的是用户不能编辑 ComboBox 控件的文本框部分,如图 5-5(c)所示。

2. Items 集合

显示在列表框或组合框中的选项列表,属于集合。可以通过从 0 开始的索引引用集合中的选项。

（1）填充列表

可以使用多种方法来填充列表框和组合框的 Items 集合。

• 使用【属性】窗口

在设计时填充列表。如图 5-6 所示,属性窗口中定义 Items 集合,单击 Items 属性右边的省略号按钮,打开【字符串集合编辑器】对话框,输入列表项,单击【确定】按钮完成填充列表操作,见图 5-7。

• 使用 Items. Add 方法

在运行时添加选项。使用 Items 集合的 Add 方法,该方法的通式:

```
Object.Items.Add(ItemValue);
```

ItemValue 是添加到列表中的新选项,新选项通常出现在列表的最后。

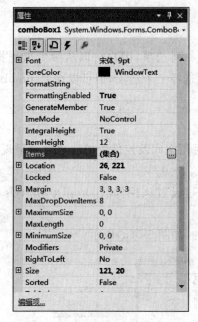

图 5-6　属性窗口

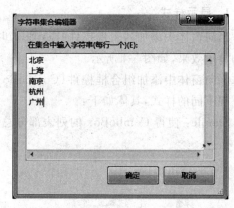

图 5-7　字符串集合编辑器

【实例 5-1】　Items. Add 方法示例。

```
ComboBox1.Items.Add("杭州");
ComboBox1.Items.Add("广州");
ListBox1.Items.Add(TextBox1.Text);
ListBox1.Items.Add("西安");
```

• 使用 Items. Insert 方法

Insert 方法可以在列表中的某个位置插入新选项。索引位置从 0 开始。

Items. Insert 方法的通式：

```
Object.Items.Insert(Position, ItemValue);
```

【实例 5-2】　Items. Insert 方法示例。

```
ComboBox1.Items. Insert(2, "南京");
ListBox1.Items. Insert(3, TextBox1.Text);
```

（2）删除选项

通过指定选项的索引或文本，可以从列表中删除单独的选项。

• 使用 Items. RemoveAt 方法

通过指定列表项的索引删除列表项。

Items. RemoveAt 方法的通式：

```
Object.Items. RemoveAt(IndexPosition);
```

【实例 5-3】　Items. RemoveAt 方法示例。

```
ComboBox1.Items.RemoveAt(2);      //删除 ComboBox1 组合框中的第 3 项
ListBox1.Items.RemoveAt(0);       //删除 ListBox1 列表框中的第 1 项
```

• 使用 Items.Remove 方法

通过指定列表项的文本删除列表项。

Items.Remove 方法的通式：

```
Object.Items.Remove(TextString);
```

【实例 5-4】　Items.Remove 方法示例。

```
ComboBox1.Items.Remove("南京");   //删除 ComboBox1 组合框中的"南京"
ListBox1.Items.Remove("西安");    //删除 ListBox1 列表框中的"西安"
```

（3）清除列表

除了删除单独的列表项以外，还可以删除列表中的全部项。

• 使用 Items.Clear 方法

Items.Clear 方法的通式：

```
Object.Items.Clear();
```

【实例 5-5】　Items.Clear 方法示例。

```
ComboBox1.Items.Clear();          //清除 ComboBox1 组合框
ListBox1.Items.Clear();           //清除 ListBox1 列表框
```

Items.Count 属性：用来确定列表中的列表项的数量。

【实例 5-6】　使用 for 循环遍历列表框中所有项。

```
for(int i=0;i<ListBox1.Items.Count; i++)
{
}
```

引用 Items 集合：

列表中的第一个元素的索引是 0，因此最大的索引是 Items.Count−1。

【实例 5-7】　引用 Items 集合示例。

```
ComboBox1.Items[0]="上海";
messageLabel.Text=ComboBox1.Items[1].ToString();
```

SelectedIndex 属性：

当程序运行时，如果用户从列表中选择了某个列表项，则该选项的索引编号将被存储在列表框的 SelectedIndex 属性中。如果列表框没有被选中，则 SelectedIndex 属性将被设置为−1。

【实例 5-8】

```
ComboBox1.SelectedIndex=3;        //组合框中选择第 4 项
messageLabel.Text=ComboBox1.Items[ComboBox1.SelectedIndex].ToString();
```

```
//在 messageLabel 标签中显示组合框中当前选中项
```

3. 列表框和组合框的事件

下面介绍列表框和组合框的几个常用的事件。

（1）TextChanged 事件

当用户在组合框的文本框部分输入文本时，TextChanged 事件发生。列表框没有 TextChanged 事件，因为列表框中没有相关的文本框。

（2）Enter 事件

当控件接收到焦点时，Enter 事件发生。当用户使用 Tab 键从一个控件跳转到另一个控件时，每个控件上都会发生 Enter 事件。

（3）Leave 事件

Leave 事件发生在控件丢失焦点之时。Leave 事件的处理程序经常被用于验证输入数据的有效性。当用户从一个控件跳转到另一个控件时，Leave 事件将在下一个控件的 Enter 事件之前被触发。

5.2.2 消息框的使用

当用户输入无效数据或遗漏输入所要求的数据值时，需要程序显示提示消息。可以在消息框（一种特殊类型的窗口）中，向用户显示消息。

使用 MessageBox 对象的 Show 方法显示消息框。MessageBox 对象是预定义的 MessageBox 类的实例，可以在任何需要显示消息的时候使用该对象。

MessageBox 对象的通式：

```
MessageBox.Show(text);
MessageBox.Show(text,caption);
MessageBox.Show(text,caption,MessageBoxButtons);
MessageBox.Show(text,caption,MessageBoxButtons,MessageBoxIcon);
```

其中，text 是显示在消息框中的消息，caption 是显示在消息框窗口的标题栏信息，MessageBoxButtons 成员参数（如表 5-1 所示）指定要显示的按钮，MessageBoxIcon 成员参数（如表 5-2 所示）执行要显示的图标。

表 5-1　MessageBoxButtons 成员参数

成员名称	说　明
AbortRetryIgnore	消息框包含"中止"、"重试"和"忽略"按钮
OK	消息框包含"确定"按钮
OKCancel	消息框包含"确定"和"取消"按钮
RetryCancel	消息框包含"重试"和"取消"按钮
YesNo	消息框包含"是"和"否"按钮
YesNoCancel	消息框包含"是"、"否"和"取消"按钮

表 5-2　**MessageBoxIcon 成员参数**

成员名称	说　明
Asterisk	该消息框包含一个符号,该符号是由一个圆圈及其中的小写字母 i 组成的
Error	该消息框包含一个符号,该符号是由一个红色背景的圆圈及其中的白色 X 组成的
Exclamation	该消息框包含一个符号,该符号是由一个黄色背景的三角形及其中的一个感叹号组成的
Hand	该消息框包含一个符号,该符号是由一个红色背景的圆圈及其中的白色 X 组成的
Information	该消息框包含一个符号,该符号是由一个圆圈及其中的小写字母 i 组成的
None	消息框未包含符号
Question	该消息框包含一个符号,该符号是由一个圆圈和其中的一个问号组成的
Stop	该消息框包含一个符号,该符号是由一个红色背景的圆圈及其中的白色 X 组成的
Warning	该消息框包含一个符号,该符号是由一个黄色背景的三角形及其中的一个感叹号组成的

【**实例 5-9**】　消息框显示效果示例,如图 5-8~图 5-11 所示。

```
MessageBox.Show("请输入密码");
MessageBox.Show("请输入密码","未输入");
MessageBox.Show("确认删除","提示",MessageBoxButtons.OKCancel);
MessageBox. Show ( " 确 认 删 除 "," 提 示 ", MessageBoxButtons. OKCancel,
MessageBoxIcon.Question);
```

图　5-8

图　5-9

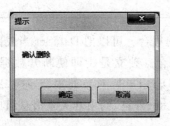

图　5-10

图　5-11

5.2.3　ADO.NET 访问数据库文件

目前的大多数数据处理技术和关系数据库文件有关。本书学生成绩管理系统中使用的数据也存储在名为 ScoreDB 的 SQL Server 关系数据库中。本节介绍如何使用 ADO.NET 技术访问数据库。

1. ADO.NET 简介

ADO.NET 又被称为 ActiveX 数据对象(ActiveX Data Object),允许用户访问很多格式的数据库数据。提供的基本类型有 OLEDB、应用与 SQL Server 的 SQLClient、ODBC 和 Oracle。利用 OLEDB 可以从 Access、Oracle、Sybase 或 DB2 这样的数据源获得数据。本书中的示例将使用 Microsoft 公司的 SSE(SQL Server Express),它将随同 Visual Studio 自动安装。

ADO.NET 对象模型中有 5 个主要的组件,分别是 Connection、Command、DataAdapter、DataSet 以及 DataReader。

2. ADO.NET 体系结构

ADO.NET 支持断开模型,将数据访问与数据处理分离。它是通过两个主要的组件:.NET 数据提供程序和 DataSet 来完成这一操作的。

ADO.NET 体系结构的一个核心元素是.NET 数据提供程序,它是专门为数据处理以及快速地只进、只读访问数据而设计的组件。它包括 Connection、Command、DataReader 和 DataAdapter 对象的组件。

表 5-3　ADO.NET 体系结构

对象名称	功　　能	连接 SQLServer 数据库的对象名称
Connection	提供与数据源的连接	SqlConnection
Command	用于操作数据库的命令,通常为 SQL 语句或存储过程	SqlCommand
DataReader	从数据源中提供只进、只读的数据流	SqlDataReader
DataAdapter	提供连接 DataSet 对象和数据源的桥梁,将数据加载到 DataSet 中,并对 DataSet 中数据的更改与数据源保持一致	SqlDataAdapter

DataSet 称为数据集,是指一种由数据所组成的集合。可以把 DataSet 当成内存中的数据库,DataSet 是不依赖于数据库的独立数据集合。独立是指即使断开数据库连接,DataSet 依然是可用的。DataSet 包含一个或多个 DataTable 对象的集合,这些对象由数据行和数据列以及有关 DataTable 对象中数据的主键、外键、约束和关系信息组成。

3. 连接 SQL Server 数据库

连接数据库时,需要在连接字符串中给出 SQL Server 服务器的名称、连接方式、数据库名称等内容。

【实例 5-10】　创建数据库连接。连接到本机的 ScoreDB 数据库,该数据采用信任连接方式。

```
string constr="Data Source=.;Integrated Security=True;database=ScoreDB";
SqlConnection sqlConn=new SqlConnection(constr);
sqlConn.Open();
```

其中,Data Source 指定了 SQL Server 服务器的名称,localhost 或. 表示为本机;Integrated Security 表示采用信任连接方式,即数据库采用 Windows 身份验证;database 表示连接数据库的名称,这里登录的数据库为 ScoreDB。

如果没有采用 Windows 身份验证,则需要在连接字符串中指定 uid 和 pwd。登录 SQL Server 数据库会对此用户的 ID 和口令进行验证。连接字符串如下:

```
string constr="Data Source=.;database=ScoreDB;uid=admin;pwd=123";
```

注意:SqlConnection、SqlCommand、SqlDataReader 和 SqlDataAdapter 在 System .Data.SqlClient 名称空间中,所以在程序中要导入该名称空间:using System.Data .SqlClient;。

4. 读取数据

连接到数据库后,可以读取和操作数据库中的数据。SqlCommand 类可以用来对 SQL Server 数据库执行一个 Transact-SQL 语句或存储过程。

SqlCommand 类常用属性:

- CommandText 属性:用于获取或设置要对数据源执行的 T-SQL 语句或存储过程。
- CommandTimeout 属性:用于设置获取或设置在终止执行命令的尝试并生成错误之前的等待时间。
- CommandType 属性:用户获取或设置该命令的类型,默认是 T-SQL 语句。

SqlCommand 命令对象提供以下几个基本方法来执行命令。

- ExecuteNonQuery:可以通过该命令来执行不需要返回值的操作,如 UPDATE、INSERT 和 DELETE 等 SQL 命令。该命令不返回任何行,而只是返回执行该命令时所影响到表的行数。
- ExecuteScalar:它可以执行 Select 查询,但返回的是一个单值,多用户查询聚合值的情况,如使用 count()或者 sum()函数的 SQL 命令。
- ExecuteReader:该方法返回一个 DataReader 对象,内容为与命令匹配的所有行。

【实例 5-11】　连接本机 ScoreDB 数据库,统计 Student 表中学生的人数。

```
SqlCommand mycomm=sqlConn.CreateCommand();
mycomm.CommandText="select count(*) from student";
int sum=mycomm.ExecuteScalar();
```

5. 使用 SqlDataReader

ADO.NET 中的 DataReader 是从数据库中检索只进、只读的数据流。"只进"是指记录的接收是按照顺序进行的,不能后退。"只读"是指读出的数据不能更新、修改、删除记录。查询结果存储在客户端的网络缓冲区中,直到用户使用 DataReader 的 Read 方法对它们发出请求。

【实例 5-12】 连接本机 ScoreDB 数据库,列出 Student 表中所有学生记录。

```
SqlCommand mycomm=sqlConn.CreateCommand();
mycomm.CommandText="select * from student";
SqlDataReader mydr=mycomm.ExecuteReader();
string str="";
While(mydr.Read())
{
    str+=mydr["ID"];
    str+=mydr["StudentName"];
    str+="\n";
}
lblInfo.Text=str;
```

5.3 完成学生登录功能

启动 Microsoft Visual Studio 2012,在解决方案资源管理器中,右击 ScoreMIS 项目,在弹出的快捷菜单中选择【添加】→【Windows 窗体】命令,打开【添加新项】对话框,输入窗体名称 Login,如图 5-12 所示。单击【确定】按钮。

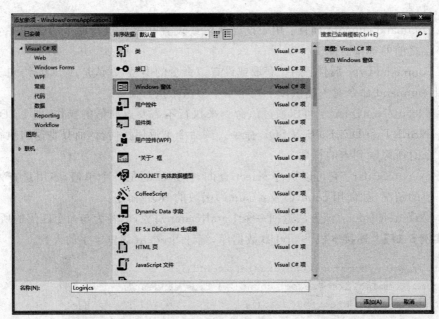

图 5-12　添加 Login 窗体

5.3.1 设计界面

在第 4 章中给出用户登录窗体的运行效果,如图 5-13 所示。

图 5-13 用户登录窗体

5.3.2 设置属性

在第 4 章中,已给出 Login 窗体的各控件属性,如表 5-4 所示。

表 5-4 用户登录窗体(Login)控件属性表

对 象	控件类	属 性	属 性 值
Login	Form	Name	Login
		AcceptButton	btnLogin
		BackgroundImage	ScoreMIS. Properties. Resources. photo
		CanelButton	btnExit
		ControlBox	False
		FormBorderStyle	FixedDialog
		StartPosition	CenterScreen
		Text	登录页面
用户类别	Label	BackColor	Transparent
		Text	用户类别
用户账号	Label	BackColor	Transparent
		Text	用户账号
密码	Label	BackColor	Transparent
		Text	密码
	ComboBox	Name	cmbType
		DropDownStyle	DropDownList
		Items	教师
			学生

续表

对 象	控件类	属 性	属 性 值
	TextBox	Name	txtID
	TextBox	Name	txtPwd
		PasswordChar	*
登录	Button	Name	btnLogin
		Text	登录
退出	Button	Name	btnExit
		Text	退出

5.3.3 编写代码

用户登录窗体(Login)各个按钮都有单击事件发生,具体事件处理功能见表5-5。

表 5-5　用户登录窗体各对象事件处理列表

对象	事件方法	事件伪代码
登录	btnLogin_Click	验证是否选择类别
		验证是否输入用户账号
		验证是否输入密码
		连接数据库,查找用户是否存在
		若存在则进入系统,打开学生主界面/教师主界面
退出	btnExit_Click	退出应用程序

1. 设置连接字符串

在学生成绩管理系统中,需要多次连接数据库,也就是多次需要用到连接字符串,为了方便引用连接字符串,减少重复代码,本项目中用一个类的静态属性来存储连接字符串。具体操作如下:

在解决方案资源管理器中,右击 ScoreMIS 项目,在弹出的快捷菜单中选择【添加】→【新建文件夹】命令,将文件夹命名为 App_Code。右击该文件夹,在弹出的快捷菜单中选择【添加】→【类】命令,打开【添加新项】对话框,在该对话框中将类命名为 ConnectionClass,如图 5-14 所示。在类中添加 GetConStr 静态属性。

```
public static string GetConStr
{
    get
    {
        return "Data Source=.;Integrated Security=True;database=ScoreDB";
    }
}
```

图 5-14 【添加新项】对话框

2. 设置共享类 ShareClass

当某用户登录到学生成绩管理系统之后,在多个窗体中需要用到该登录用户的信息,为了解决这一问题,本项目中设计共享类 ShareClass。右击"App-Code"文件夹,在弹出的快捷菜单中选择【添加】→【类】命令,类命名为 ShareClass。类的具体设计如下:

```
public class ShareClass
{
///<summary>
///记录登录用户的 ID
///</summary>
    private static string _ID;
    public static string ID
    {
        get { return _ID; }
        set { _ID=value; }
    }
///<summary>
///记录登录用户的类型
///</summary>
    private static string _Type;
    public static string Type
    {
        get { return _Type; }
        set { _Type=value; }
    }
///<summary>
```

```
///记录登录用户的姓名
///</summary>
   private static string _Name;
   public static string Name
   {
       get { return ShareClass._Name; }
       set { ShareClass._Name=value; }
   }
}
```

3. 控件代码

由于需要连接数据库,所以在程序代码中导入 SqlClient 的名称空间,代码如下:

```
using System.Data.SqlClient;
```

登录的 Click 事件方法代码如下:

```
///<summary>
///btnLogin_Click
///</summary>
private void btnLogin_Click(object sender, EventArgs e)
{
  SqlConnection mycon;
  try
  {
    mycon=new SqlConnection(App_Code.ConnectionClass.GetConStr);
    SqlCommand mycommand=mycon.CreateCommand();
    SqlDataReader mydr;
    mycon.Open();
    if(cmbType.Text.Trim()=="教师")
      {
           //这里是教师登录功能,在实验一中完成
      }
    else
      if(cmbType.Text.Trim()=="学生")
      {
        if(string.IsNullOrEmpty(txtID.Text.Trim()))
        {
           MessageBox.Show("请输入用户名");
        }
        else
          if(string.IsNullOrEmpty(txtPwd.Text.Trim()))
          {
             MessageBox.Show("请输入密码");
```

```
            }
        else
            {
mycommand.CommandText=
"select * from Student where ID=@name and Password=@pwd";
            SqlParameter TName=new SqlParameter("@name", SqlDbType.NVarChar);
            SqlParameter TPwd=new SqlParameter("@pwd", SqlDbType.NVarChar);
            mycommand.Parameters.Add(TName);
            mycommand.Parameters.Add(TPwd);
            TName.Value=txtID.Text.Trim();
            TPwd.Value=txtPwd.Text.Trim();
            mydr=mycommand.ExecuteReader();
            if(mydr.HasRows)
              {
                mydr.Read();
                ShareClass.ID=mydr["ID"].ToString();
                ShareClass.Name=mydr["StudentName"].ToString();
                ShareClass.Type="2";
                Thread t=new Thread(new ThreadStart(StudentShow));
                t.Start();
                this.Close();
              }
            else
              {
                MessageBox.Show("用户名密码不匹配,请重新输入。");
                txtPwd.Clear();
              }
            }
        }
    else
        {
        MessageBox.Show("用户类别不符,请在列表中选择。");
        }

    mycon.Close();
    }
catch(Exception e1)
  {
    MessageBox.Show("连接问题");
  }
}
```

本 章 小 结

本章主要完成学生成绩管理系统中学生登录功能设计。首先提出本章任务——完成学生登录功能,然后为登录窗体的设计进行知识准备,主要介绍几种常用控件(列表框、组合框、消息框)的使用方法、介绍 ADO. NET 的体系结构、连接数据库和访问数据的方法,最后按照设计界面、设置属性和编写代码三个步骤完成学生登录功能的设计。

ListBox 和 ComboBox 的属性: Items 集合, SelectIndex 属性。

ListBox 和 ComboBox 的 Items 集合操作: Items. Add 方法, Items. Insert 方法, Items. Remove 方法, Items. RemoveAt 方法, Items. Clear 方法。

消息框的使用方法:

```
MessageBox.Show(text,caption,MessageBoxButtons,MessageBoxIcon);
```

ADO. NET 对象模型中的 5 个主要组件: Connection、Command、DataAdapter、DataSet 以及 DataReader。ADO. NET 支持断开模型,将数据访问与数据处理分离。它是通过两个主要的组件:. NET 数据提供程序和 DataSet 来完成这一操作的。

习 题

填空题

1. ADO. NET 的五大对象为_____、_____、_____、_____和_____。

2. Command 对象的 ExecuteNonQuery 方法用来执行 Insert、_____、_____和其他没有返回结果集的 SQL 语句,并返回执行命令后影响的_____。

3. Command 对象的 ExecuteReader 方法直接返回一个_____类的对象。

4. 使用 ADO. NET DataReader 能够从数据库中检索_____、_____的数据流。

5. 打开数据库连接的方法是_____,关闭数据库连接的方法是_____。

6. 每一个 DataSet 对象是由若干个_____对象组成。

选择题

1. 以下(　　)选项不属于 ComboBox 控件中 Items 属性的方法。

    A. Add()　　　　　B. Clear()　　　　　C. Remove()　　　　　D. Count()

2. 关于 ComboBox 属性说法,以下错误的是(　　)。

    A. DropDownStyle 为定义组合框的风格,指示是否显示列表框部分,是否允许用户编辑文本框部分

    B. SelectedIndex 为当前选定项目的索引号,列表框中的每个项都有一个索引号,从 1 开始

    C. SelectedItem 获取当前选定项

    D. Text 为与组合框关联的文本

3. 通过( )可以设置消息框中显示的按钮。

 A. Button   B. DialogButton

 C. MessageBoxButtons   D. MessageBoxIcon

4. 当调用 MessageBox.show()方法时,消息框返回值是( )。

 A. MessageResult   B. DialogValue

 C. DialogResult   D. DialogBox

5. 单选钮是否选中的属性是( )。

 A. Selected   B. SelectedIndex

 C. Checked   D. AutoChecked

6. 在 ADO.NET 中,为访问 DataTable 对象从数据源提取的数据行,可以使用 DataTable 对象的( )属性。

 A. Rows   B. Columns   C. Constraints   D. DataSet

7. 为了在程序中使用 DataSet 类定义数据集对象,应在文件开始处添加对命名空间( )的引用。

 A. System.IO   B. System.Data

 C. System.Utils   D. System.DataBase

操作题

完成学生登录功能的设计。

简答题

1. 本地机器有 SQL Server 2012 数据库管理系统,数据库名为 test,用户名为 sa,密码为 123,请写出数据库连接字符串。

2. 以下步骤是使用 SqlDataReader 的基本流程,请排出正确的顺序。

(1) myReader SqlDataReader＝myCommand.ExecuteReader()。

(2) 调用 SqlDataReader.Close 方法来关闭数据读取器。

(3) 关闭连接。

(4) 建立数据命令对象。

(5) 设定 SqlCommand 对象的 CommandText 属性。

(6) 打开连接。

(7) 利用一个循环来反复调用 SqlDataReader 对象的 Read 方法,直到此方法传回 False 为止。

(8) 建立连接。

(9) 设定 SqlCommand 对象的 CommandType 属性。

(10) 设定 SqlCommand 对象的 Connection 属性。

第6章 学生成绩管理系统——学生主窗体设计

本章要点

➤ 基本控件的使用：MenuStrip 控件、ToolStrip 控件、StatusStrip 控件、Timer 控件。

➤ 属性的概念。

➤ 自定义属性。

学习目标

• 理解基本控件的属性及用法。

• 学会使用基本控件。

• 理解属性的概念。

• 掌握属性设计方法。

• 会根据实际情况设计属性。

6.1 本章任务

本章任务是完成学生成绩管理系统学生主窗体的设计,学生主窗体运行效果如图 6-1 所示。

图 6-1 学生主窗体

6.2 准 备 工 作

学生主窗体涉及的知识内容包括菜单栏、任务栏、Timer 控件、自定义属性等内容。本章从这几个方面进行知识准备。

6.2.1 菜单栏

在使用计算机时，经常会大量使用菜单。菜单是由包含菜单的菜单条组成，各个菜单均显示一列菜单项。可以使用菜单项代替按钮或单独地执行某个方法。

菜单项实际上是控件，它们有属性和事件。与按钮类似，每个菜单项都有 Name 属性、Text 属性和 Click 事件。当用户选定某个菜单项时，该菜单项的 Click 事件处理方法将执行。

1. 创建菜单

在工具箱的【菜单和工具栏】中有菜单控件 MenuStrip（如图 6-2 所示），在窗体中加入一个 MenuStrip 控件，在【菜单设计器】中允许用户输入菜单项的文本，如图 6-3 所示。

图 6-2 工具箱

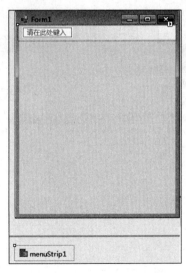

图 6-3 在窗体中加入菜单栏控件

（1）Text 属性

当输入菜单或菜单项的文本时，实际上是输入该对象的 Text 属性。为符合 Windows 标准，第一个菜单项是 File，如果该菜单项的 Text 属性为 &File，则指定该菜单项的快捷键是 Alt＋F，见图 6-4。

（2）Name 属性

Visual Studio 的【菜单设计器】可以给菜单项赋予合适的名称。添加的 File 菜单项的 Name 属性会自动命名为 fileToolStripMenuItem。如果修改任何菜单项的 Text 属性时,该菜单项的 Name 属性不会被自动重命名,必须用户重命名。

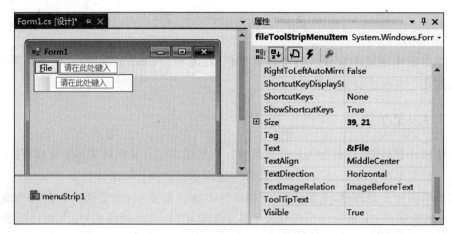

图 6-4　为菜单项的 Text 属性赋值

（3）MenuStrip 控件的菜单项集合

当使用【菜单设计器】创建菜单时,各个菜单将被添加到属于 MenuStrip 控件的菜单项集合中。使用【菜单项集合编辑器】（如图 6-5 所示）,可以显示该集合中的 ToolStripMenuItem,设置这些菜单项的其他属性以及重排序、添加和删除某些菜单项。

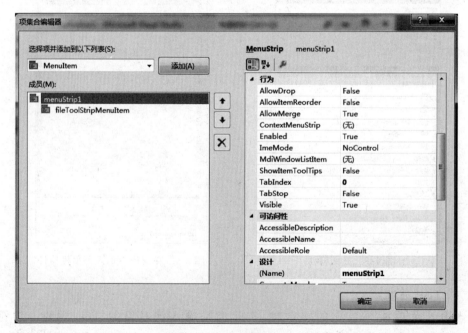

图 6-5　菜单项集合编辑器

（4）DropDownItems 集合

MenuStrip 的菜单项集合包括顶级菜单,并且各个菜单都有出现在本菜单上的菜单项集合。出现在某个菜单名下面的 ToolStripMenuItem 属于该菜单的 DropDownItems 集合。

【实例6-1】 设计一个菜单,File 菜单中包含三个菜单项 Save、Print 和 Exit,如图 6-6 所示。

（5）子菜单

菜单项名称右侧出现黑色箭头,该菜单项有另一个可弹出的下拉列表时,该新的列表被称作子菜单。菜单项右边的黑色三角表明该菜单项有子菜单,如图 6-7 所示。

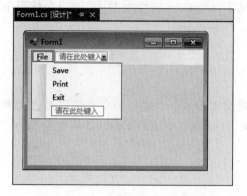

图 6-6　菜单栏设计界面

图 6-7　子菜单显示效果

（6）分隔条

当某个菜单中有多个菜单项时,应该根据它们的用途编组,可以在菜单中创建分割条 Separator,效果如图 6-8 所示。

（7）菜单项选中状态

当某个菜单项需要设置选中或未选中状态时,可以设置该菜单项的 Checked 属性,运行效果如图 6-9 所示。

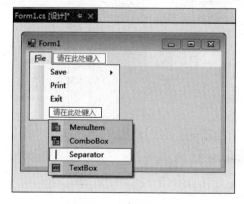

图 6-8　分隔条示例

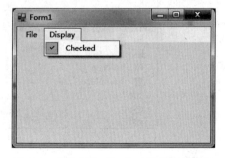

图 6-9　菜单项的 Checked 属性显示效果

2. 为菜单项编码

在菜单栏中,双击任一菜单项,打开编辑器窗口,定位到该菜单项的 Click 事件处理程序,可以在此处编写代码。

（1）编写代码

在下拉菜单中双击 Exit 菜单项,在事件处理程序中编写代码,如下:

```
private void exitToolStripMenuItem_Click(object sender, EventArgs e)
{
    this.Close();
}
```

（2）Checked 属性

菜单项左边侧可以包含复选标记，默认情况下，Checked 属性为 false；可以在代码中进行修改。

```
checkToolStripMenuItem.Checked=true;
```

（3）Enabled 属性

默认情况下，新菜单项的 Enabled 属性将被设置为 true。启用的菜单项以黑色文本显示，而显示为灰色或禁用的菜单项是不可用的，这时该菜单项的 Enabled 属性为 false。

```
checkToolStripMenuItem.Enabled=false;
```

3. 快捷菜单

当用户右击时弹出的菜单是快捷菜单，通常，快捷菜单中的菜单项是被指向的控件所特有的，将列出该控件或该情况下可用的选项。

创建快捷菜单与创建菜单类似。首先要添加 ContextMenuStrip 控件，它将显示在窗体下面的控件面板上。在窗体顶部的"菜单设计器"中，会显示文字 ContextMenuStrip，如图 6-10 所示。

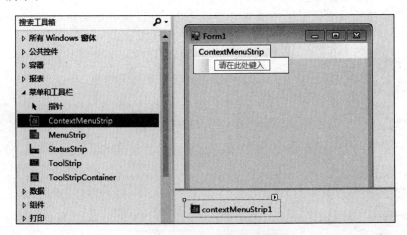

图 6-10   在窗体中添加快捷菜单

应用程序可以有多个快捷菜单。通过设置窗体或控件的 ContextMenuStrip 属性，可以把上下文菜单指派给窗体或控件。如果一个控件指派了快捷菜单，则对该控件右击即可出现快捷菜单。

6.2.2   工具栏

在应用程序中，可以把工具栏作为菜单项的快捷方式。要创建工具栏，需要使用

ToolStrip 控件和 Resources 中的图像，这些图像将显示在 ToolStrip 控件上。

1. 创建工具栏

在工具箱的【菜单和工具栏】中有工具栏控件 ToolStrip，在窗体中加入一个 ToolStrip 控件，如图 6-11 所示。在添加了 ToolStrip 控件之后，可以添加几种类型的对象，这个工具栏可以包含 ToolStripButtons、ToolStripLabels 和其他几种对象。

在工具栏 ToolStrip 控件上添加按钮，最容易的方法是移动工具栏图标上的箭头，然后选择需要添加对象的类型。若需添加按钮，选择 Button 则把一个新的 ToolStripButton 对象添加到 ToolStrip 中。

设置 Name 属性。比如，退出应用程序的按钮可以称为 exittoolStripButton。

设置 Image 属性。可以把一个图像分配给 exittoolStripButton 按钮的 Image 属性。

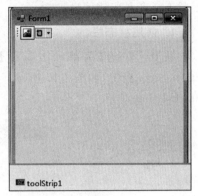

图 6-11　在窗体中添加工具栏

设置 DisplayStyle 属性。设置按钮的显示形式，可以只显示图片或文本，也可以同时显示图片和文本，根据用户需求设置显示形式。

2. 为工具栏中按钮编写代码

在对 ToolStrip 按钮的动作编写代码时，可以为按钮单击事件创建一个新的事件处理程序。即：对某 ToolStrip 按钮双击，在指定的代码区域编写代码。

但是，由于大部分的 ToolStrip 按钮是菜单项的快捷方式，因此通常情况下，只需把 ToolStrip 按钮的 Click 事件设置为菜单项的事件处理程序。即：选中某 ToolStrip 按钮，在属性窗口中找到 Click 事件，打开现有事件处理程序的下拉列表，如图 6-12 所示，选择适当的处理程序。例如，exittoolStripButton 按钮的事件处理程序应选择 exitTool-StripMenuItem_Click。

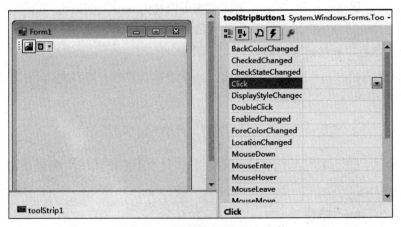

图 6-12　工具栏按钮的 Click 事件

6.2.3　状态栏

状态栏通常显示在屏幕的底部,用于向用户显示信息,如日期、时间、位置、CapsLock键状态或者是出错信息。

1. 创建状态栏

在工具箱的【菜单和工具栏】中有状态栏控件 StatusStrip,在窗体中加入一个StatusStrip 控件,如图 6-13 所示。在添加了 StatusStrip 控件之后,可以添加 ToolStrip-StatusLabel 对象。

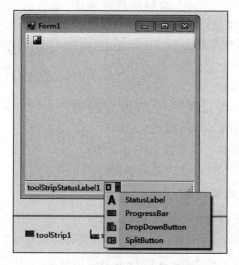

图 6-13　在窗体中添加状态栏

如同 ToolStrip 控件一样,添加对象的最简单方法是移动状态栏图标上的箭头,然后选择需要添加对象的类型。若需添加标签,选择 StatusLabel 则把一个新的ToolStripStatusLabel 对象添加到 StatusStrip 中。

设置 Name 属性。比如,显示日期的标签可以称为 dateToolStripStatusLabel。

设置 Spring 属性。设置该标签是否填充状态栏的剩余空间。

2. 为状态栏中标签编写代码

需要在状态栏的 dateToolStripStatusLabel 中显示当前系统日期,设置方法:在窗体的 Load 事件中编写如下代码。

```
private void Form1_Load(object sender, EventArgs e)
{
    dateToolStripStatusLabel.Text=DateTime.Now.ToLongDateString();
}
```

6.2.4　Timer 控件

在 Windows 应用程序中,用户采取动作时会发生事件。如果在用户没有采取动作的情况下,要让事件在某个时间间隔后发生,应当使用 Timer 控件。Timer 控件又称为计时器,在该控件中用 Enabled 属性来启动计时器,用 Interval 属性来设定计时器的时间间隔,Tick 事件可以按照前面设定的时间间隔来触发。

1. 添加 Timer 控件

在工具箱的【组件】中有计时器控件 Timer,将 Timer 控件拖在窗体界面中。计时器控件不会出现在界面上,而是在界面的托盘中,即程序运行时,在界面中看不到计时器。

2. 为 Timer 控件编写代码

计时器示例程序是让窗体中的一个标签控件从左向右移动,当全部从右侧移出时,标签再次从左侧移入。图 6-14 为窗体效果。

图 6-14　加入计时器的窗体

设置 timer1 控件的 Enabled 属性为 True,Interval 属性为 100。

timer1 的 Tick 事件代码如下。

```
private void timer1_Tick(object sender, EventArgs e)
{
    if(lblmessage.Left>=this.Width)
    {
        lblmessage.Left=-lblmessage.Width;
    }
    else
    {
        lblmessage.Left+=10;
    }
}
```

6.2.5　自定义属性

属性是对现实世界中实体特征的抽象,它提供了对类或对象性质的访问。类的属性描述的是状态信息,在类的某个实例中属性的值表示该对象的状态值。为创建类的新属性,通常需要使用私有的类级变量来存储属性值,还需要使用公有的属性方法来允许其他类查看或设置该属性。

C#中属性通过访问器对其进行访问。属性的声明格式如下:

```
private DataType MemberVariable;
public DataType PropertyName
{
    get
    {
        Return MemberVariable;
    }
    set
    {
        MemberVariable=value;
    }
}
```

set 访问器使用 value 关键字来引用的属性值,将 value 引用用户提供的属性值。get 访问器方法类似于被声明为带返回值的方法,用于读取属性值的方法,其中没有任何参数,用来返回属性声明语句中所定义的数据类型值。

6.3 完成学生主窗体

启动 Microsoft Visual Studio 2012,在解决方案资源管理器中,右击 ScoreMIS 项目,在弹出的快捷菜单中选择【添加】→【Windows 窗体】命令(如图 6-15 所示),打开【添加新项】对话框,输入学生主窗体名称 StudentForm,如图 6-16 所示。单击【确定】按钮。

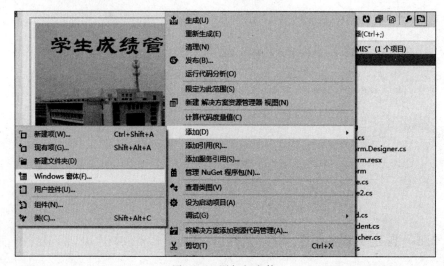

图 6-15　添加新窗体

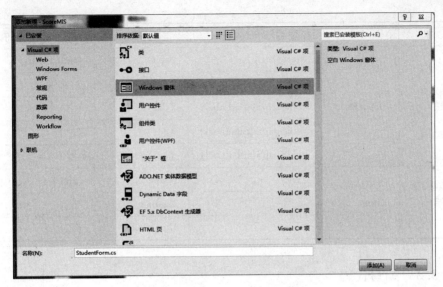

图 6-16 添加 StudentForm 窗体

6.3.1 设计界面

StudentForm 窗体运行效果如图 6-1 所示,窗体中包含两个控件:一个工具栏和一个状态栏。工具栏中有四个工具栏按钮:修改密码、修改个人信息、我的成绩、退出;状态栏中显示当前用户姓名、系统日期、系统时间,日期时间随着时间变化而变化。

6.3.2 设置属性

学生主窗体(StudentForm)及其各个控件的属性设置如表 6-1 所示。

表 6-1 学生主窗体(StudentForm)控件属性表

对 象	控 件 类	属 性	属 性 值
StudentForm	Form	Name	StudentForm
		Text	成绩管理系统—学生
		IsMdiContainer	True
		WindowState	Maximized
工具栏	toolStrip	toolStrip	Name	toolStrip1
		toolStripButton1	Text	修改密码
		toolStripButton2	Text	修改个人信息
		toolStripButton3	Text	我的成绩
		toolStripButton4	Text	退出

续表

对　象	控件类	属　性	属 性 值
状态栏	statusStrip	statusStrip	Name	statusStrip1
		toolStripStatusLabel1	Text	当前用户：
		toolStripStatusLabel2	Text	（空）
		toolStripStatusLabel3	Text	（空）
		toolStripStatusLabel4	Text	（空）
计时器	Timer		Name	timer1
			Enabled	True
			Interval	1000

6.3.3　编写代码

学生主窗体（StudentForm）所需的事件处理程序有窗体的 Load 事件和计时器的 Tick 事件，具体事件处理功能如表 6-2 所示。

表 6-2　学生主窗体各对象事件处理列表

对　象	事 件 方 法	事件伪代码
StudentForm	StudentForm _ Load	显示主窗体背景图片
		状态栏中显示当前登录学生姓名
		状态栏中显示系统时间
Timer	timer1_Tick	刷新状态栏中的时间

1. 设置背景图片

由于背景图片的大小随着学生主窗体的大小而变化，这时需要在主窗体大小变化时重新设置背景图片大小，具体解决方法如下。

设置背景图片方法：

```
///<summary>
///设置背景图片方法
///</summary>
private void Picture_Resize()
{
    this.BackgroundImage=pictureBox1.Image;
    this.BackgroundImageLayout=ImageLayout.Stretch;
}
```

主窗体 Resize 方法：

```
///<summary>
```

```
///主窗体 Resize 方法
///</summary>
private void StudentForm_Resize(object sender, EventArgs e)
{
    Picture_Resize();
}
```

2. 初始化主窗体 StudentForm

StudentForm 的 Load 事件方法代码如下：

```
///<summary>
///初始化窗体
///</summary>
private void StudentForm_Load(object sender, EventArgs e)
{
    Picture_Resize();
    toolStripStatusLabel2.Text=ShareClass.Name;
    toolStripStatusLabel3.Text=DateTime.Now.ToShortDateString();
    toolStripStatusLabel4.Text=DateTime.Now.ToLongTimeString();
}
```

3. 使用计时器

在状态栏中显示系统时间，由于时间是向前变化的，所以在状态栏中要及时刷新系统时间。具体解决方法是使用计时器 timer。

timer1 的 Tick 事件方法代码如下：

```
///<summary>
///计时器计时事件
///</summary>
private void timer1_Tick(object sender, EventArgs e)
{
    toolStripStatusLabel3.Text=DateTime.Now.ToShortDateString();
    toolStripStatusLabel4.Text=DateTime.Now.ToLongTimeString();
}
```

本 章 小 结

本章主要完成学生成绩管理系统中学生主窗体设计。首先提出本章任务——完成学生主窗体的显示功能，然后为主窗体的设计进行知识准备，主要介绍几种常用控件（菜单栏、工具栏、状态栏、Timer 控件）的使用方法、介绍属性的概念和功能，演示属性的创建与使用方法，最后按照设计界面、设置属性和编写代码三个步骤完成学生主窗体的设计。

菜单栏 MenuStrip：菜单项的 Text 属性，菜单项的快捷键设置，使用【菜单项集合编辑器】设置菜单项内容,使用 Separator 设置菜单分隔条,菜单项的 Checked 属性设置该菜单项是否选中,Enabled 属性设置该菜单项是否可用。

快捷菜单 ContextMenuStrip:也是弹出菜单,鼠标右击弹出的快捷菜单。快捷菜单设计完成后需要指派给某控件对象。

工具栏 ToolStrip:显示在菜单栏下方,是菜单项的快捷方式,绑定菜单项的处理事件。

状态栏 StatusStrip:显示在窗体底部,向用户显示状态信息。使用状态栏标签的 Spring 属性设置标签的填充状态。

计时器 Timer:Enabled 属性启动计时器,Interval 属性计时器计时时间间隔,Tick 事件按照设定的计时时间自动触发。

自定义属性:Set 访问器设置属性的写操作,Get 访问器设置属性的读操作。

习　　题

填空题

1. WinForm 中的状态栏由多个_____组成。

2. 计时器 Timer 控件的 Interval 属性可以设置定时发生的事件的间隔,它的单位是_____。

选择题

1. 在系统中,计时器 Timer 控件只有一个事件,是计时器计时触发事件,请问该事件的名称是(　　)。

    A. Tick   B. OnTick   C. Start   D. OnStart

以下 2~5 题请参照如下窗体进行。

2. 在左侧 WinForms 窗体的下方使用了(　　)控件。

    A. 进度条   B. 菜单栏   C. 工具栏   D. 状态栏

3. 在左侧 WinForms 窗体的上方使用了(　　)控件。

    A. 进度条   B. 菜单栏   C. 工具栏   D. 状态栏

4. 在左侧 WinForms 窗体中"文件(F)"如何设置(　　)。

    A. Text 属性:文件(&F)   B. Text 属性:文件(F̲)

    C. Name 属性:文件(&F)   D. Name 属性:文件(F̲)

5. 在上面 WinForms 窗体中,获取系统当前日期时间的语句是(　　)。

    A. DataTime. Now   B. DateTime. Now

    C. DataTime. Current   D. DateTime. Current

操作题

完成学生主窗体的设计。

简答题

1. 简述菜单栏和工具栏的关系,如何将工具栏按钮与菜单栏菜单项绑定。

2. 计时器的工作原理。

第7章 学生成绩管理系统——修改学生密码功能设计

本章要点

➢ 数组。

➢ 字符与字符串。

➢ 程序调试与异常处理。

学习目标

• 理解数组概念。

• 掌握数组的使用方法。

• 掌握字符与字符串的用法。

• 理解异常处理概念。

• 会设计异常处理程序。

• 会调试程序。

7.1 本章任务

本章任务是完成学生成绩管理系统修改学生密码窗体的设计,修改学生密码窗体运行效果如图 7-1 所示。

图 7-1　修改学生密码窗体

7.2 准 备 工 作

修改学生密码窗体涉及的知识内容包括字符串比较、程序异常处理等。本章从这几个方面进行知识准备。

7.2.1 数组

前几章在处理数据时,都是直接使用变量将数据存入到内存中,这时一个变量只能代表一个数据,当我们需要处理大量相同类型的数据时,比如存放班级 30 个学生的成绩数据时,我们不可能定义 30 个变量来存放成绩值,这时就需要使用数组来处理。

1. 一维数组

在 C♯ 中声明一维数组的语法格式如下:

```
DataType[] arrayName;
```

数组声明之后要进行初始化才可以使用。初始化数组时要指定数组的内容,有以下几种方法。

【实例 7-1】 一维数组的声明语句。

```
int[] arrayNumber=new int[5]{1,2,3,4,5};
int[] arrayNumber={1,2,3,4,5};
int[] arrayNumber=new int[]{1,2,3,4,5};
```

引用数组元素:

数组的下标是从 0 开始的,所以上面创建的 arrayNumber 数组的元素下标是从 0 到 4,元素的引用方法如下:

```
arrayNumber[0]
arrayNumber[1]
arrayNumber[2]
arrayNumber[3]
arrayNumber[4]
```

数组长度属性:

数组的 Length 属性值为数组的长度,即数组中元素的个数。若遍历数组中的元素,则使用 for 循环。

```
for(int i=0; i<arrayNumber.Length; i++)
{
    arrayNumber[i]
}
```

2. foreach 循环

遍历数组元素可以使用 for 循环,在 C♯ 中有另一种更方便的循环结构就是 foreach。

使用 foreach 循环的优点在于,不必处理数组下标,不必知道数组中有多少元素。

foreach 语句通式:

```
foreach(DataType itemName in arrayName)
{
    //对 itemName 操作
}
```

在循环中,自动引用数组的每一个元素,将元素值赋值给 itemName,并执行循环一次。当数组元素全部遍历完,结束 foreach 循环。

【实例 7-2】 foreach 语句。

```
int sum=0;
foreach(int number in arrayNumber)
{
    sum+=number;
}
```

3. 二维数组

在数据处理时,经常会用到二维表,这时需要创建二维数组。二维数组使用两个下标来标识"行"和"列"信息。

在 C♯ 中声明二维数组的语法格式如下:

```
DataType[, ] arrayName;
```

【实例 7-3】 二维数组的声明语句。

```
int[, ] arrayNumber=new int[2,2]{{1,2},{3,4}};
int[, ] arrayNumber=new int[,]{1,2,3,4};
```

引用数组元素

```
arrayNumber[0,0]
arrayNumber[0,1]
arrayNumber[1,0]
arrayNumber[1,1]
```

7.2.2 字符与字符串

目前,大多数程序需要使用文字处理、文档设计等操作,也就是对字符串的操作。C♯ 内置了 string 类型,在 C♯ 中将字符串当成对象,封装了字符串的所有操作方法。

1. 字符串的声明和初始化

定义字符串最基本的方式是将双引号括起来的字符串赋值给 string 类型的变量,如下:

```
string nameString="xiaoming";
```

转义字符串在赋值时要特别注意,比如:

```
string filePath="C:\\test";   //字符串中"\\"转移为"\"
```

若需要字符串按照双引号内的原文创建时,需要使用"@"符号开头,这样上面的语句也可以这样写:

```
string filePath=@"C:\test";
```

2. 字符串的连接

连接字符串的操作符是"+",功能是将两个字符串首尾相连。

```
string province="江苏省";
string city="南京市";
string address=province+city;
MessageBox.Show(address);
```

显示结果:

江苏省南京市

3. 字符串的常用属性和方法

表 7-1　字符串常用属性和方法

成 员 名 称	功 能 说 明
Length	获取字符串的长度,返回值为 int 类型
ToString	转换为字符串类型 例：int i＝123; 　　　string s＝i. ToString();
Compare	int n＝String. Compare(str1,str2); 比较两个字符串 若 str1＞str2,则返回 1; 若 str1＝str2,则返回 0; 若 str1＜str2,则返回－1;
CompareTo	int n＝str1. CompareTo(str2); 与 Compare 方法类似,只是语法不同
ToUpper	将字符串中所有字母转换为大写字母
ToLower	将字符串中所有字母转换为小写字母
Copy	str2＝String. Copy(str1); 将 str1 字符串复制给 str2
Concat	str3＝String. Concat(str1,str2); 将 str1,str2 字符串首尾相连复制给 str3
Equals	str1. Equals(str2); 检查两个字符串是否相等,如相等则返回值为 true;否则值为 false

续表

成 员 名 称	功 能 说 明
Split	Str1. Split(' '); Split 函数的作用是按照指定字符为分隔符,将 str1 字符串分开,将分开之后的字符串放入指定的字符串数组中
SubString	str1. SubString(n1,n2); 在 str1 字符串中获取子串,子串起始位置为 n1,结束位置为 n2
Remove	str1. Remove(n1,n); 删除 str1 字符串中从第 n1 个字符开始长度为 n 的字符串
Trim	去掉字符串中前后空格
TrimStart	去掉字符串最前面的空格
TrimEnd	去掉字符串最后面的空格

7.2.3　程序调试与异常处理

当需要用户输入信息时,若输入内容不符,则程序会出错。比如当要求用户输入数字,但用户输入了字母,这种情况就会导致异常发生。异常(Exception)是运行时产生的错误。使用 Visual C♯ 的异常处理系统,我们能够以标准化可控制的方式来处理运行时错误。

程序在编写过程中会因为种种原因出现各种错误,总结起来,错误分为:

- 语法错误:在编译阶段会列出语法错误,容易修改。
- 运行时错误:在程序运行时出现的错误,可以使用 try-catch-finally 语句来解决。
- 逻辑错误:在程序运行过程中不会出现错误信息,只是运行结果不符合或不是预期结果,这种错误最难解决。

1. 异常类

每个异常都是 Exception 类的实例。该类常用的属性:

- Message 属性:与错误有关的文本信息。
- Source 属性:导致该错误的对象名称。
- StackTrace 属性:确定发生该错误的代码位置。

2. 捕获与处理异常

要捕获异常,可以把任何可能导致错误的语句包含在 try 块中。如果 try 块出现异常则程序控制权将传递到 catch 块。如果 catch 块后面有 finally 块,则无论有无异常发生,finally 块中代码都要执行。

【实例 7-4】　在文本框 txtNumber 中输入数值,将该数值翻倍显示在标签 lblInfo 中。

```
try
{
    int number=int.Parse(txtNumber.Text);
```

```
    int number=number * 2;
    lblInfo.Text=number.ToString();
}
catch(Exception ex)
{
    MessageBox.Show("输入格式错误,请输入数值数据");
}
```

3. 处理多个异常

如果想捕获一个以上的异常类型,可以使用多个 catch 块。当某个异常发生时,这些 catch 块将顺序检查,执行匹配异常类型的 catch 块。

【实例 7-5】

```
try
{
    //可能产生异常的代码
}
catch(FormatException fe)
{
    //处理格式不符异常
}
catch(Exception ex)
{
    //处理其他异常
}
```

在使用多个 catch 块时需要注意,catch 块中的异常类型要从子类异常到父类异常的顺序,比如前面的异常处理修改为以下形式就会出错。

```
try
{
    //可能产生异常的代码
}
catch(Exception fe)
{
    //处理其他异常
}
catch(FormatException ex)
{
    //处理格式不符异常
}
```

7.3　完成修改密码功能

启动 Microsoft Visual Studio 2012,在解决方案资源管理器中,右击 ScoreMIS 项目,在弹出的快捷菜单中选择【添加】→【Windows 窗体】命令,打开【添加新项】对话框,输入窗体名称 ModifyPwd,如图 7-2 所示。单击【确定】按钮。

图 7-2　添加 ModifyPwd 窗体

7.3.1　设计界面

ModifyPwd 窗体运行效果如图 7-1 所示,窗体中包含控件有:五个标签,三个文本框,两个按钮。

7.3.2　设置属性

修改密码窗体(ModifyPwd)及其各个控件的属性设置如表 7-2 所示。

表 7-2　修改密码窗体(ModifyPwd)控件属性表

对　象	控件类	属　性	属　性　值
ModifyPwd	Form	Name	ModifyPwd
		Text	修改密码
		FormBorderStyle	FixedDialog
		AcceptButton	btnOK
		CancelButton	btnCancel
用户账号	Label	Name	lblName
		Text	用户账号
新密码	Label	Name	lblpwd
		Text	新密码

续表

对　象	控件类	属　性	属　性　值
确认密码	Label	Name	lblpwd2
		Text	确认密码
*	Label	Name	Label1
		Text	*
		ForeColor	Red
*	Label	Name	Label2
		Text	*
		ForeColor	Red
	TextBox	Name	txtID
		ReadOnly	True
	TextBox	Name	txtPwd
		PasswordChar	*
		Text	（无）
	TextBox	Name	txtPwd2
		PasswordChar	*
		Text	（无）
确认	Button	Name	btnOK
		Text	确认
取消	Button	Name	btnCancel
		Text	取消

7.3.3　编写代码

修改密码窗体(ModifyPwd)所需的事件处理程序有窗体的 Load 事件、确定按钮的
Click 事件和取消按钮的 Click 事件，具体事件处理功能如表 7-3 所示。

表 7-3　修改密码窗体各对象事件处理列表

对　象	事　件　方　法	事件伪代码
ModifyPwd	ModifyPwd _ Load	显示登录用户的账号
btnOK	btnOK_Click	判断密码输入是否正确
		根据学生账号来修改学生密码
btnCancel	btnCancel _Click	关闭当前窗体

1. 初始化修改密码窗体 ModifyPwd

ModifyPwd 的 Load 事件方法代码如下：

```csharp
///<summary>
///初始化窗体,在只读文本框中显示登录用户的账号
///</summary>
private void ModifyPwd _Load(object sender, EventArgs e)
{
    txtID.Text=ShareClass.ID;
}
```

2. 确认的 Click 事件方法

代码如下：

```csharp
///<summary>
///修改学生密码
///判断密码的格式,两次密码是否一致
///执行 SQL 语句修改当前用户的密码
///</summary>
private void btnOK_Click(object sender, EventArgs e)
{
    if(string.IsNullOrEmpty(txtPwd.Text.Trim()))
    {
        MessageBox.Show("请输入新密码");
    }
    else
    {
        if(txtPwd.Text.Trim() !=txtPwd2.Text.Trim())
        {
            MessageBox.Show("两次密码不一致");
        }
        else
        {
            try
            {
            SqlConnection mycon=new SqlConnection(ConnectionClass.GetConStr);
            SqlCommand mycommand=mycon.CreateCommand();
            string sqlstr=" update Student ";
        mycommand.CommandText=sqlstr+" set Password=@pwd where ID=@ID";
        SqlParameter Id=new SqlParameter("@ID", SqlDbType.NVarChar);
        SqlParameter Pwd=new SqlParameter("@pwd", SqlDbType.NVarChar);
        mycommand.Parameters.Add(Pwd);
        mycommand.Parameters.Add(Id);
        Id.Value=txtID.Text.Trim();
```

```
Pwd.Value=txtPwd.Text.Trim();
mycon.Open();
int i=mycommand.ExecuteNonQuery();
mycon.Close();
  if(i !=0)
    {
        MessageBox.Show("密码修改完成");
    }
else
    {
        MessageBox.Show("密码修改错误");
    }
    }
  catch(Exception e1)
    {
        MessageBox.Show("数据库问题");
    }
    }
    }
    }
```

本 章 小 结

　　本章主要完成学生成绩管理系统中修改学生密码功能。首先提出本章任务——完成学生修改密码功能,然后为该功能的设计进行知识准备,主要介绍数组和字符串的概念,演示数组创建与使用方法、字符串常用函数的使用方法,详解异常概念,分析异常处理方法,演示如何进行程序调试和异常处理。最后按照设计界面、设置属性和编写代码三个步骤完成学生修改密码窗体的设计。

　　一维数组:声明一维数组语法 DataType[] arrayName;

　　使用数组下标引用数组元素,下标从 0 开始。

　　二维数组:声明二维数组语法 DataType[,] arrayName;

　　二维数组下标表示数组元素所处的行和列信息。

　　字符与字符串:转义字符"\",字符串连接"+",字符串长度属性 Length。字符串常用方法 ToString,Compare,Equals,SubString 等。

　　程序会出现三种错误:语法错误、运行时错误、逻辑错误,运行时错误就是出现异常,异常类 Exception 常用属性 Message 属性、Source 属性。处理异常使用 try…catch…finally…。

习　　题

填空题

1. 异常类的类名为_____。

2. 若输入字符串的格式不正确,会产生_____异常。

3. 在C#中处理字符串的方法中,_____方法用于去除字符串两端的空格。

4. 在C#中处理字符串的方法中,_____方法用于获得字符串的小写形式。

选择题

1. 在C#中,将路径名"C:\Documents\"存入字符串变量 path 中的正确语句是(　　)。

   A. path="C:\\Docments\\";　　　　　　B. path="C://Document//";

   C. path="C:\Document\";　　　　　　　D. path="C:\/Document\/";

2. 下列语句在控制台上的输出是(　　)。

```
string msg=@"Hello\nWorld!";
System.Console.WriteLine(msg);
```

   A. Hello\nWorld!　　　　　　　　　B. @"Hello\nWorld!"

   C. Hello World!　　　　　　　　　　D. HelloWorld!

3.
```
string province="江苏省";
string city="南京市";
string address=province+city;
```

address 值为(　　)。

   A. 江苏省　　　　　　　　　　　　B. 南京市

   C. 江苏省南京市　　　　　　　　　D. 江苏省+南京市

4. 有一字符串"Welcome to China",需要将该字符串中的三个单词分离出来,使用(　　)方法。

   A. Copy　　　　B. Concat　　　　C. SubString　　　　D. Split

5. 有一字符串"Welcome to China",截取子串"to",使用(　　)方法。

   A. Copy　　　　B. Concat　　　　C. SubString　　　　D. Split

6. 验证输入密码和确认密码是否一致,下列(　　)正确。

   A. pwd1=pwd2;　　　　　　　　　B. pwd1.Equals(pwd2);

   C. pwd1.Trim(pwd2)　　　　　　　D. pwd1.Copy(pwd2)

操作题

完成修改学生密码窗体的设计。

简答题

1. 编一个程序,定义数组,用 for 循环语句,顺序输入 10 个实数,然后逆序输出这 10 个数。

2. 编一个程序,从键盘输入一个字符串,用 foreach 循环语句,统计其中大写字母的个数和小写字母的个数。

第8章 学生成绩管理系统——修改学生信息功能设计

本章要点

➢ 基本控件的使用：RadioButton 控件、CheckBox 控件。
➢ DataSet。

学习目标

• 理解基本控件的属性及用法。
• 学会使用基本控件。
• 理解 DataSet 含义。
• 掌握 DataSet 基本用法。

8.1 本章任务

本章任务是完成学生成绩管理系统修改学生信息窗体的设计，修改学生信息窗体运行效果如图 8-1 所示。

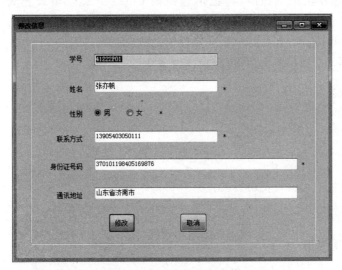

图 8-1 学生修改信息窗体

$$8.2 \quad 准\ 备\ 工\ 作$$

修改学生信息窗体涉及的知识内容包括单选钮、复选框、数据集 DataSet 等。本章从这几个方面进行知识准备。

8.2.1 单选钮

单选钮（RadioButton）显示为一个标签，如图 8-2 所示。左边是一个原点，该原点可以是选中或未选中。在要给用户提供几个互斥选项时，就可以使用单选钮。例如，询问用户的性别。

图 8-2 单选钮样式

把单选按钮组合在一起，给它们创建一个逻辑单元，此时可以使用 GroupBox 控件或其他容器。首先在窗体上拖放一个组框，再把需要的 RadioButton 按钮放在组框的边界之内，RadioButton 按钮会自动改变自己的状态，以反映组框中唯一被选中的选项。如果不把它们放在组框中，则在任意时刻，窗体上所有的单选钮中只有一个 RadioButton 被选中。

单选钮控件的主要属性：

- Checked：指示单选钮是否已选中，选中时值为 true，没有选中时值为 false。
- Text：单选钮显示的文本。
- AutoCheck：单选钮在选中时自动改变状态，默认为 true。
- Appearance：用来设置或返回单选钮控件的外观。当其取值为 Appearance.Button 时，将使单选钮的外观像命令按钮一样；当取值为 Appearance.Normal 时，就是默认的单选钮外观。

单选钮控件的主要事件：

- Click：当单击单选钮时，将把单选钮的 Checked 属性值设置为 true，同时发生 Click 事件。
- CheckedChanged：当 Checked 属性值更改时触发。

【实例 8-1】 选择不同的单选钮，窗体背景色随之变化。

```
if(rbblue.Checked)
{
    this.BackColor=Color.Blue;
}
if(rbred.Checked)
{
    this.BackColor=Color.Red;
}
```

8.2.2 复选框

复选框（CheckBox）显示为一个标签，如图 8-3 所示。左边是一个方框，该方框可以是选中或未选中。当用户希望选择一个或多个选项时,就需要使用复选框。

复选框控件的主要属性:

* Checked:指示复选框是否已选中,选中时值为 true,没有选中时值为 false。
* CheckedState:获取或设置复选框的状态。有三个状态值:UnChecked,Checked,Indeterminate。
* Text:复选框显示的文本。
* AutoCheck:复选框在选中时自动改变状态,默认为 true。
* Appearance:用来设置或返回复选框控件的外观。当其取值为 Appearance.Button 时,将使复选框的外观像命令按钮一样;当取值为 Appearance.Normal 时,就是默认的复选框外观。

复选框控件的主要事件:

* Click:当单击复选框时,将更改复选框的 Checked 属性值,同时发生 Click 事件。
* CheckedChanged:当 Checked 属性值更改时触发。

【实例 8-2】 练习使用复选框控件完成显示选中的课程信息。

```
private void button1_Click(object sender, EventArgs e)
{
    string course="";
    if(chbEnglish.Checked)
    {
        course=course+chbEnglish.Text+",";
    }
    if(chbComputer.Checked)
    {
        course=course+chbComputer.Text+",";
    }
    if(chbCplus.Checked)
    {
        course=course+chbCplus.Text+",";
    }
    MessageBox.Show("本学期课程:"+course.Substring(0,course.Length-1));
}
```

运行效果如图 8-4 所示。

图 8-4　复选框示例效果

8.2.3　DataSet

数据集 DataSet 是 ADO. NET 数据库组件中非常重要的一个控件,通过这个控件可以实现大多数的数据库访问和操纵功能。DataSet 可以实现断开式的数据访问。

DataSet 对象常和 DataAdapter 对象配合使用,通过 DataAdapter 对象向 DataSet 中填充数据。

1. 使用 DataAdapter 填充数据集

数据适配器 DataAdapter 表示一组数据命令和一个数据库连接,它们用于填充 DataSet 和更新数据源。DataAdapter 对象可以执行针对数据源的各种操作,包括更新变动的数据,填充数据集以及其他操作。DataAdapter 经常和 DataSet 一起配合使用,作为 DataSet 和数据源之间的连接器以便检索和保存数据。

DataAdapter 对象有 4 种:SqlDataAdapter、OleDbDataAdapter、OracleDataAdapter 和 OdbcDataAdapter。本书中使用的 Microsoft SQL Server 数据库,所以这里采用 SqlDataAdapter 对象来填充数据集。

使用数据适配器 SqlDataAdapter 填充 DataSet 的一般步骤如下:

(1) 建立数据库连接。

(2) 建立 SqlCommand 对象,设置要执行的 SQL 语句。

(3) 建立并实例化一个 SqlDataAdapter 对象。

(4) 建立一个 DataSet 对象,使用(3)中创建的数据适配器来填充该 DataSet。

(5) 数据控件绑定。

(6) 关闭数据库连接。

【实例 8-3】　在 DataGridView 控件中显示 student 表中信息。

```
string constr="Data Source=.;Integrated Security=True;database=ScoreDB";
SqlConnection sqlConn=new SqlConnection(constr);
sqlConn.Open();
SqlCommand mycomm=sqlConn.CreateCommand();
mycomm.CommandText="select * from student";
SqlDataAdapter myda=new SqlDataAdapter(mycomm);
DataSet myds=new DataSet();
myda.Fill(myds);
dataGridView1.DataSource=myds;
sqlConn.Close();
```

2. 使用 DataTable、DataColumn、DataRow

DataSet 由一组 DataTable 对象组成,它具备存储多个表数据以及表间关系的能力。这些表就存储在 DataTable 对象中,而表间的关系则用 DataRelation 对象表示。

DataTable 对象中包含 DataRow 和 DataColumn 对象,分别存放表中行和列的数据信息。Tables 属性可以获取包含在 DataSet 中的表的集合。DataTable 的 Rows 属性表示数据表中行的集合,DataTable 的 Columns 属性表示数据表中列的集合。下面使用 DataTable、DataColumn 和 DataRow 来显示数据库 ScoreDB 中 Student 表的数据。

【实例 8-4】　使用 DataTable、DataColumn、DataRow 设计表。

```
DataSet ds=new DataSet();
DataTable dt=new DataTable();
DataColumn dc1=new DataColumn();
dc1.ColumnName="ID";
DataColumn dc2=new DataColumn();
dc2.ColumnName="Name";
dt.Columns.Add(dc1);
dt.Columns.Add(dc2);
DataRow dr1=dt.NewRow();
dr1[0]="1";
dr1[1]="cuiyc";
dt.Rows.Add(dr1);
ds.Tables.Add(dt);
dataGridView1.DataSource=ds.Tables[0];
```

运行效果如图 8-5 所示。

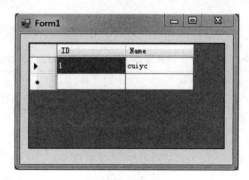

图 8-5　效果图

8.3　完成修改学生信息功能

启动 Microsoft Visual Studio 2012,在解决方案资源管理器中,右击 ScoreMIS 项目,在弹出的快捷菜单中选择【添加】→【Windows 窗体】命令,打开【添加新项】对话框,输入窗体名称 ModifyStudent,如图 8-6 所示。单击【确定】按钮。

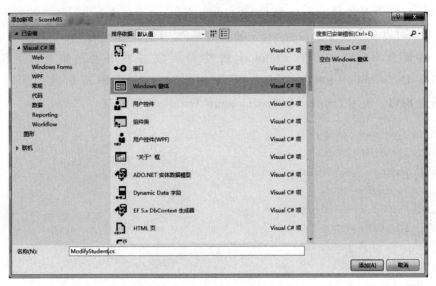

图 8-6   添加 ModifyStudent 窗体

8.3.1   设计界面

ModifyStudent 窗体中控件如图 8-1 所示,控件有:标签、文本框、单选钮和按钮。

8.3.2   设置属性

修改学生信息窗体(ModifyStudent)及其各个控件的属性设置如表 8-1 所示。

表 8-1   修改学生信息窗体(ModifyStudent)控件属性表

对　象	控件类	属　性	属　性　值
ModifyStudent	Form	Name	ModifyStudent
		Text	修改信息
		FormBorderStyle	FixedDialog
		AcceptButton	btnOK
		CancelButton	btnCancel
Label1～Label6	Label	Name	Label1～Label6
		Text	学号、姓名、性别、联系方式、身份证号码、通讯地址
Label7～Label10	Label	Name	Label7～Label10
		Text	*
		ForeColor	Red

续表

对　象	控件类	属　性	属　性　值
男	RadioButton	Name	rbMale
女	RadioButton	Name	rbFemale
修改	Button	Name	btnOK
		Text	修改
取消	Button	Name	btnCancel
		Text	取消

8.3.3　编写代码

修改学生信息窗体(ModifyStudent)所需的事件处理程序有窗体的 Load 事件、确定按钮的 Click 事件、取消按钮的 Click 事件,具体事件处理功能如表 8-2 所示。

表 8-2　修改学生信息窗体各对象事件处理列表

对　象	事　件　方　法	事　件　伪　代　码
ModifyStudent	ModifyStudent_Load	显示登录学生用户的学号,姓名,性别,联系方式,身份证号码,通讯地址等信息
btnOK	btnOK_Click	判断录入信息是否有效,若有效则根据学生账号来修改学生信息
btnCancel	btnCancel _Click	关闭当前窗体

1. 初始化修改学生信息窗体 ModifyStudent

ModifyStudent 的 Load 事件方法代码如下:

```
///<summary>
///初始化窗体,在窗体中显示登录学生的详细信息
///</summary>
private void ModifyStudent_Load(object sender, EventArgs e)
{
    txtID.Text=ShareClass.ID;
    Init();
}
//初始化学生信息
private void Init()
{
    string sqlstr="select * from Student where ID='"+txtID.Text.Trim()+"'";
    ConnectionClass myconnection=new ConnectionClass();
    DataSet myDataSet=myconnection.GetDataSet(sqlstr, "Student");
    txtName.Text=myDataSet.Tables["Student"].Rows[0]["StudentName"].
```

```
ToString();
txtPhone.Text=myDataSet.Tables["Student"].Rows[0]["Phone"].ToString();
txtIdenID.Text=myDataSet.Tables["Student"].Rows[0]["IdentityID"].
ToString();
txtAddress.Text=myDataSet.Tables["Student"].Rows[0]["Address"].
ToString();
string sex=myDataSet.Tables["Student"].Rows[0]["Sex"].ToString();
if(sex=="男")
{
    rbMale.Checked=true;
}
else
{
    rbFemale.Checked=true;
}
}
```

2. 修改的 Click 事件方法

代码如下：

```
///<summary>
///修改学生信息
///验证输入的学生信息是否合法
///执行 SQL 语句修改当前学生的信息
///</summary>
private void btnOK_Click(object sender, EventArgs e)
{
  if(string.IsNullOrEmpty(txtName.Text))
  {
      MessageBox.Show("请输入姓名");
  }
  else
    if(string.IsNullOrEmpty(txtPhone.Text))
    {
        MessageBox.Show("请输入联系方式");
    }
  else
      if(string.IsNullOrEmpty(txtIdenID.Text))
      {
          MessageBox.Show("请输入身份证号码");
      }
      else
        if(string.IsNullOrEmpty(txtAddress.Text))
        {
```

```
            MessageBox.Show("请输入通讯地址");
        }
else
    {
        string sex="";
        if(rbMale.Checked)
        {
            sex="男";
        }
        else
        {
            sex="女";
        }
        SqlConnection mycon=null;
        try
        {
        mycon=new SqlConnection(ConnectionClass.GetConStr);
        SqlCommand mycommand=mycon.CreateCommand();
        mycommand.CommandText="update Student set StudentName=@StudentName,
        Sex=@Sex,Phone=@Phone,IdentityID=@IdentityID,Address=@Address
        where ID=@ID";
SqlParameter Id=new SqlParameter("@ID", SqlDbType.NVarChar);
SqlParameter StudentName=new SqlParameter("@StudentName", SqlDbType.
NVarChar);
SqlParameter Sex=new SqlParameter("@Sex", SqlDbType.NVarChar);
SqlParameter Phone=new SqlParameter("@Phone", SqlDbType.NVarChar);
SqlParameter IdentityID=new SqlParameter("@IdentityID", SqlDbType.
NVarChar);
SqlParameter Address=new SqlParameter("@Address", SqlDbType.NVarChar);
mycommand.Parameters.Add(StudentName);
mycommand.Parameters.Add(Sex);
mycommand.Parameters.Add(Phone);
mycommand.Parameters.Add(IdentityID);
mycommand.Parameters.Add(Address);
mycommand.Parameters.Add(Id);
Id.Value=txtID.Text.Trim();
StudentName.Value=txtName.Text.Trim();
Sex.Value=sex;
Phone.Value=txtPhone.Text.Trim();
IdentityID.Value=txtIdenID.Text.Trim();
Address.Value=txtAddress.Text.Trim();
mycon.Open();
mycommand.ExecuteNonQuery();
MessageBox.Show("修改成功");
```

```
      }
   catch(Exception)
   {
       MessageBox.Show("数据库问题");
   }
   finally
   {
       mycon.Close();
   }
   }
}
```

本 章 小 结

本章主要完成学生成绩管理系统中修改学生信息功能。首先提出本章任务——完成学生修改信息功能，然后为该功能的设计进行知识准备，主要介绍单选钮和复选框控件的功能，常用方法和属性的使用。同时给出 DataSet 概念，介绍 DataTable、DataColumn、DataRow 的使用方法，通过例题演示了 DataSet 在程序中的应用。最后按照设计界面、设置属性和编写代码三个步骤完成学生修改信息窗体的设计。

RadioButton 的使用方法：是否选中 Checked 属性，文本 Text 属性，外观样式 Appearance 属性；单击 Click 事件，Checked 属性值更改 CheckedChanged 事件。

ComboBox 的使用方法：是否选中 Checked 属性，设置复选框状态 CheckedState 属性，文本 Text 属性，外观样式 Appearance 属性；单击 Click 事件，Checked 属性值更改 CheckedChanged 事件。

DataSet 数据集：DataSet 可以实现断开式的数据访问。DataSet 对象常和 DataAdapter 对象配合使用，通过 DataAdapter 对象向 DataSet 中填充数据。DataSet 由一组 DataTable 对象组成，DataTable 对象中包含 DataRow 和 DataColumn 对象。

习　　题

填空题

1. _____可以实现断开时的数据访问。

2. RadioButton 控件_____属性用来设置单选钮是否选中。

选择题

1. 在 ADO.NET 中，下列关于 DataSet 类说法错误的是(　　)。

　　A. 在 DataSet 中，可以包含多个 DataTable

　　B. 修改 DataSet 中的数据后，数据库中的数据可以自动更新

　　C. 在与数据库断开连接后，DataSet 中的数据会消失

    D. DataSet 实际上是从数据源中检索的数据在内存中的缓存

2. 在 WinForms 程序中,如果复选框控件的 Checked 属性值设置为 True,表示(　　)。

    A. 该复选框被选中

    B. 该复选框不被选中

    C. 不显示该复选框的文本信息

    D. 显示该复选框的文本信息

3. 在 ADO.NET 中,(　　)对象结构类似于关系数据库的结构,并在与数据库断开情况下,在缓存中存储数据。

    A. DataAdapter   B. DataSet

    C. DataTable   D. DataReader

4. 下列(　　)是 ADO.NET 的两个主要组件。

    A. Command 和 DataAdapter   B. DataSet 和 Data Table

    C. .NET 数据提供程序和 DataSet   D. .NET 数据提供和 DataAdapter

5. 在 Win Forms 窗体中,如果不使用分组控件来分组单选按钮,而是直接拖曳两个单选按钮放置在窗体中,则以下说法正确的是(　　)。

    A. 两个单选按钮可以同时被选中,即被看作是两个单独的组

    B. 如果窗体中还存在有其他的已经分组的单选按钮,则这两个单选按钮自动被加入该组

    C. 两个单选按钮被自动默认为一组

    D. 运行报错,提示必须使用分组控件对单选按钮进行分组

6. 在 WinForms 中,下列代码的运行结果是(　　)。

```
DataSet ds=new DataSet();
DataTable dt=new DataTable();
dt.Columns.Add("name",typeof(System.String));
DataRow dr=dt.NewRow();
dr[0]="李四";
dt.Rows.Add(dr);
ds.Tables.Add(dt);
Console.WriteLine(ds.HasChanges());
```

    A. 李四   B. true   C. false   D. 没有输出

操作题

完成修改学生信息窗体的设计。

简答题

1. 简述如何为单选钮分组。

2. 简述 DataSet。

第 9 章 学生成绩管理系统——教师查询教授课程功能设计

本章要点

➢ 基本控件的使用：DataGridView 控件。
➢ 调用存储过程。

学习目标

• 掌握基本控件 DataGridView 的使用方法。
• 理解存储过程概念。
• 会使用 SqlCommand 调用存储过程。

9.1 本 章 任 务

本章任务是完成学生成绩管理系统教师查询教授课程窗体的设计，教师查询教授课程窗体运行效果如图 9-1 和图 9-2 所示。录入成绩窗体如图 9-3 所示。

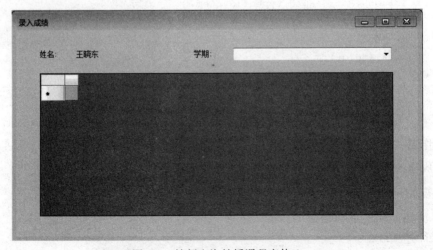

图 9-1　教师查询教授课程窗体-1

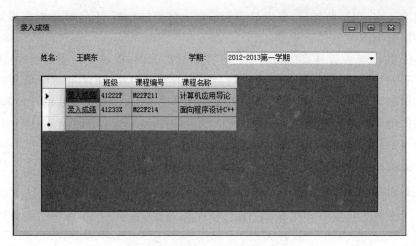

图 9-2　教师查询教授课程窗体-2

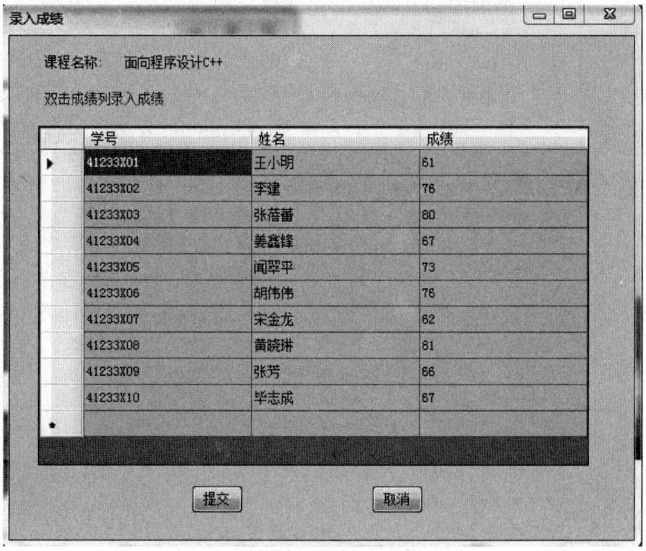

图 9-3　教师录入成绩窗体

9.2　准　备　工　作

教师查询教授课程窗体涉及的知识内容包括 DataGridView 控件、使用存储过程等内容。本章从这几个方面进行知识准备。

9.2.1　DataGridView 控件

DataGridView 是用于 Windows Forms 2.0 的新网格控件。它可以取代先前版本中 DataGrid 控件，它易于使用并高度可定制，支持很多我们的用户需要的特性。

通过 DataGridView 控件,可以显示和编辑表格式的数据,而这些数据可以取自多种不同类型的数据源。

DataGridView 控件具有很高的可配置性和可扩展性,提供了大量的属性、方法和事件,可以用来对该控件的外观和行为进行自定义。当你需要在 WinForm 应用程序中显示表格式数据时,可以优先考虑 DataGridView(相比于 DataGrid 等其他控件)。如果你要在小型网格中显示只读数据,或者允许用户编辑数以百万计的记录,DataGridView 将为你提供一个易于编程和良好性能的解决方案。

1. DataGridView 主要特性

表 9-1 详细介绍了 DataGridView 的特性。

表 9-1 DataGridView 控件特性

DataGridView 控件特性	描　　述
多种列类型	DataGridView 提供有 TextBox、CheckBox、Image、Button、ComboBox 和 Link 类型的列及相应的单元格类型
多种数据显示方式	DataGrid 仅限于显示外部数据源的数据。而 DataGridView 则能够显示非绑定的数据,绑定的数据源,或者同时显示绑定和非绑定的数据。你也可以在 DataGridView 中实现 virtual mode,实现自定义的数据管理
自定义数据的显示和操作的多种方式	DataGridView 提供了很多属性和事件,用于数据的格式化和显示。此外,DataGridView 提供了操作数据的多种方式,比如: (1) 对数据排序,并显示相应的排序符号(带方向的箭头表示升降序); (2) 对行、列和单元格的多种选择模式;多项选择和单项选择; (3) 以多种格式将数据复制到剪贴板,包括 text,CSV(以逗号隔开的值)和 HTML; (4) 改变用户编辑单元格内容的方式
用于更改单元格、行、列、表头外观和行为的多个选项	DataGridView 使你能够以多种方式操作单个网格组件。比如: (1) 冻结行和列,避免它们因滚动而不可见; (2) 隐藏行、列、表头; (3) 改变行、列、表头尺寸的调整方式; (4) 改变用户对行、列、单元格的选择模式; (5) 为单个的单元格、行和列提供工具提示(ToolTip)和快捷菜单; (6) 自定义单元格、行和列的边框样式
提供丰富的可扩展性的支持	DataGridView 提供易于对网格进行扩展和自定义的基础结构,比如: (1) 处理自定义的绘制事件可以为单元格、列和行提供自定义的观感; (2) 继承一个内置的单元格类型以为其提供更多的行为; (3) 实现自定义的接口以提供新的编辑体验

2. DataGridView 的结构

DataGridView 及其相关类被设计为用于显示和编辑表格数据式数据的灵活的、可扩展的体系。这些类都位于 system.Windows.Forms 命名空间,它们的名称也都有共同的前缀"DataGridView"。

（1）结构元素（Architecture Elements）

主要的 DataGridView 相关类继承自 DataGridViewElement 类。

DataGridViewElement 类有两个属性，一是 DataGridView，该属性提供了对其所属的 DataGridView 的引用；二是 State，该属性表示当前的状态，其值为 DataGridViewElementStates 枚举，该枚举支持位运算，这意味着可以设置组合状态。

（2）单元格和组（Cells and Bands）

DataGridView 由两种基本的对象组成：单元格（cell）和组（band）。所有的单元格都继承自 DataGridViewCell 基类。两种类型的组（或称集合）DataGridViewColumn 和 DataGridViewRow 都继承自 DataGridViewBand 基类，表示一组结合在一起的单元格。

DataGridView 会与一些类进行互操作，但最常打交道的则是如下三个：DataGridViewCell，DataGridViewColumn，DataGridViewRow。

（3）DataGridView 的单元格（DataGridViewCell）

单元格（cell）是操作 DataGridView 的基本单位。可以通过 DataGridViewRow 类的 Cells 集合属性访问一行包含的单元格，通过 DataGridView 的 SelectedCells 集合属性访问当前选中的单元格，通过 DataGridView 的 CurrentCell 属性访问当前的单元格。

3. 使用 DataGridView 控件

在工具箱的【数据】中有网格控件 DataGridView，在窗体中加入一个 DataGridView 控件。如图 9-4 和图 9-5 所示。

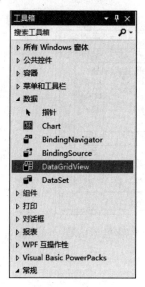

图 9-4　工具箱中 DataGridView　　　　图 9-5　窗体中的 DataGridView

DataGridView 控件常用属性：

- ReadOnly：只读属性。设置 true 时，DataGridView 控件只读。
- AllowUserToAddRows：是否允许网格中行自动追加。
- AllowUserToDeleteRows：是否允许删除行操作。

- MultiSelect：是否可以多行选择。
- ColumnHeadersVisible：是否显示列标题行。
- DataSource：指定 DataGridView 控件的数据源。
- Columns：编辑网格中的列属性。

DataGridView 控件常用事件方法：

- CellClick：单击单元格的任意部分时发生。
- CellContentClick：单击单元格的内容时发生。
- Click：单击 DataGridView 控件时发生。
- SelectionChanged：当前所选内容更改时发生。

DataGridView 数据绑定。

【实例 9-1】 在 DataGridView 控件中显示 student 表信息。

```
SqlConnection mycon=new SqlConnection("data
   source=.\\sqlexpress;database=scoreDB;integrated security=SSPI");
SqlCommand mycommand=mycon.CreateCommand();
mycommand.CommandText="select * from student";
DataSet ds=new DataSet();
SqlDataAdapter da=new SqlDataAdapter(mycommand.CommandText, mycon);
da.Fill(ds);
dataGridView1.DataSource=ds.Tables[0];
```

效果如图 9-6 所示。

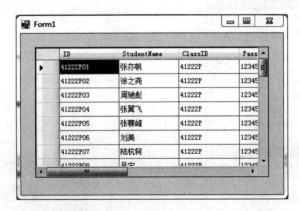

图 9-6　DataGridView 控件中显示 student 表信息

【实例 9-2】 完善示例 1 显示结果。

```
dataGridView1.Columns[0].HeaderText="学号";
dataGridView1.Columns[1].HeaderText="姓名";
dataGridView1.Columns[2].HeaderText="班级";
dataGridView1.Columns[3].HeaderText="密码";
```

效果如图 9-7 所示。

【实例 9-3】 单击学生学号显示学生姓名。运行效果如图 9-8 和图 9-9 所示。

图 9-7   修改列名显示

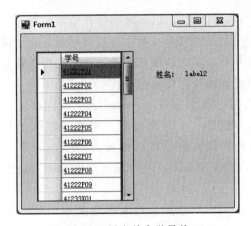

图 9-8   用户单击学号前

图 9-9   用户单击学号后

第一步：将学号显示在 DataGridView 控件中，并以超链接的形式显示。

在 DataGridView 控件中加入一个 DataGridViewLinkColumn 列，将其 DataProperty-Name 属性设置为 id，HeadText 属性设置为"学号"。

在窗体的 Load 事件中填写如下代码：

```
ConnectionClass conclass=new ConnectionClass();
SqlCommand mycommand=mycon.CreateCommand();
mycommand.CommandText="select id from student";
DataSet myds=new DataSet();
myds=conclass.GetDataSet(mycommand.CommandText, "student");
dataGridView1.DataSource=myds.Tables["student"];
```

第二步：用户单击学号单元格，将其对应的姓名显示在界面中。

在 DataGridView 控件的 CellContentClick 事件中填写如下代码：

```
if(e.ColumnIndex !=-1 && e.ColumnIndex==0)
{
    string id=dataGridView1.CurrentRow.Cells[0].Value.ToString();
```

```
ConnectionClass conclass=new ConnectionClass();
SqlCommand mycommand=mycon.CreateCommand();
mycommand.CommandText="select StudentName from student where id=@id";
SqlParameter sid=mycommand.Parameters.Add("@id",SqlDbType.NVarChar);
sid.Value=id;
mycon.Open();
string studentname=mycommand.ExecuteScalar().ToString();
mycon.Close();
label2.Text=studentname;
}
```

9.2.2　调用存储过程

存储过程是 SQL 语句和可选控制流语句的预编译集合,以一个名称存储并作为一个单元处理,是数据库中的一个对象。存储过程存储在数据库内,可由应用程序通过一个调用执行,而且允许用户声明变量、有条件执行以及其他强大的编程功能。存储过程具有允许标准组件式编程、能够实现较快的执行速度、能够减少网络流量等优点。

本书使用 SqlCommand 调用存储过程,首先需要将其 CommandType 属性设置为 CommandType.StoredProcedure,这表示要执行的是一个存储过程。属性的默认值为 CommandType.Text,表示执行 SQL 命令。另外该属性值也可以设置为 CommandType.TableDirect,表示要直接访问数据表,此时应该将 CommandText 属性设置为要访问的一个或多个表的名称。

【实例 9-4】　现有存储过程 GetCourseByTeacherID,功能是输入教师工号 TeacherID 和授课学期 term,输出该教师在指定学期的课程列表。

存储过程 GetCourseByTeacherID 的功能如下:

```
ALTER PROCEDURE [dbo].[GetCourseByTeacherID]
    @TeacherID NVARCHAR(50),
    @Term NVARCHAR(50)
AS
BEGIN
    SELECT  SelCourse.ClassID 班级, Course.CourseID 课程编号,Course
.CourseName 课程名称
    FROM  Course,SelCourse
    WHERE Course.CourseID = SelCourse.CourseID and SelCourse.TeacherID =
@TeacherID
        and SelCourse.Term=@Term
END
```

存储过程说明:
在 Windows 应用程序中使用存储过程,代码如下:

```
mycommand=mycon.CreateCommand();
```

```
mycommand.CommandText =" GetCourseByTeacherID '" + ShareClass.ID +"',' " +
cmbTerm.SelectedItem+"'";
myds=conclass.GetDataSet(mycommand.CommandText, "CourseName");
dataGridView1.DataSource=myds.Tables["CourseName"];
dataGridView1.Columns[0].HeaderText="";
dataGridView1.Columns[1].HeaderText="班级";
dataGridView1.Columns[2].HeaderText="课程编号";
dataGridView1.Columns[3].HeaderText="课程名称";
```

9.3 完成教师查询教授课程功能

启动 Microsoft Visual Studio 2012，在解决方案资源管理器中，右击 ScoreMIS 项目，在弹出的快捷菜单中选择【添加】→【Windows 窗体】命令，打开【添加新项】对话框，输入窗体名称 SearchCourse，如图 9-10 所示。单击【确定】按钮。

图 9-10 添加 SearchCourse 窗体

9.3.1 设计界面

SearchCourse 窗体中控件如图 9-1 所示，控件有标签、组合框和网格控件。

9.3.2 设置属性

教师查询教授课程窗体（SearchCourse）及其各个控件的属性设置如表 9-2 所示。

表 9-2　教师查询教授课程窗体(SearchCourse)控件属性表

对　象	控件类	属　性	属　性　值
SearchCourse	Form	Name	SearchCourse
		Text	录入成绩
		FormBorderStyle	FixedDialog
Label1	Label	Name	Label1
		Text	姓名
Label2	Label	Name	Label2
		Text	学期
Label3	Label	Name	Label3
		Text	(空)
cmbTerm	ComboBox	Name	cmbTerm
dataGridView1	DataGridView	Name	dataGridView1
		ReadOnly	True

9.3.3　编写代码

本章用到数据库存储过程 GetCourseByTeacherID,具体代码如下:

```
ALTER PROCEDURE [dbo].[GetCourseByTeacherID]
    @TeacherID NVARCHAR(50),
    @Term NVARCHAR(50)
AS
BEGIN
SELECT  SelCourse.ClassID 班级, Course.CourseID 课程编号,Course.CourseName 课程名称
    FROM  Course,SelCourse
     WHERE Course.CourseID = SelCourse.CourseID and SelCourse.TeacherID =
@TeacherID
        and SelCourse.Term=@Term
END
```

教师录入成绩窗体(InsertScore)中需要自定义属性,用来接收 SearchCourse 窗体中的班级号、课程号和学期信息。

```
private string _ClassID;
public string ClassID
{
    get { return _ClassID; }
    set { _ClassID=value; }
```

```
}
private string _CourseID;
public string CourseID
{
    get { return _CourseID; }
    set { _CourseID=value; }
}
private string _Term;
public string Term
{
    get { return _Term; }
    set { _Term=value; }
}
```

教师查询教授课程窗体(SearchCourse)所需的事件处理程序有窗体的 Load 事件、学期复选框的 SelectIndexChanged 事件、网格控件的 CellContentClick 事件,具体事件处理功能如表 9-3 所示。

表 9-3　教师查询教授课程窗体各对象事件处理列表

对　象	事　件　方　法	事　件　伪　代　码
SearchCourse	SearchCourse _ Load	显示登录教师姓名 初始化学期信息
cmbTerm	cmbTerm_SelectedIndexChanged	显示指定教师,指定学期的课程列表,在数据库中有存储过程 GetCourseByTeacherID,功能是根据教师工号和学期获取课程信息
dataGridView1	dataGridView1_CellContentClick	打开录入成绩窗体 InsertScore 该窗体中显示某班级某课程的成绩,可以在该窗体中录入课程成绩

1. 初始化教师查询教授课程窗体 SearchCourse

SearchCourse 的 Load 事件方法代码如下:

```
///<summary>
///初始化窗体,在窗体中显示登录教师姓名,初始化学期列表
///</summary>
private SqlConnection mycon=new SqlConnection(ConnectionClass.GetConStr);
private SqlCommand mycommand=null;
ConnectionClass conclass=new ConnectionClass();
DataSet myds=null;
private void SearchCourse_Load(object sender, EventArgs e)
{
    //初始化学期
    cmbTerm.Items.Clear();
    cmbTerm.Items.Add("2012-2013 第一学期");
```

```
cmbTerm.Items.Add("2012-2013第二学期");
cmbTerm.Items.Add("2013-2014第一学期");
cmbTerm.Items.Add("2013-2014第二学期");
//初始化教师姓名
txtTeacherID.Text=ShareClass.Name;
}
```

2. 显示指定学期的教师授课列表

cmbTerm 的 SelectedIndexChanged 事件方法代码如下：

```
///<summary>
///根据学期显示教师授课列表
///</summary>
private void cmbTerm_SelectedIndexChanged(object sender, EventArgs e)
{ if(cmbTerm.SelectedIndex==-1)
    {
      MessageBox.Show("请选择学期");
    }
    else
    {
      try
        {
          mycommand=mycon.CreateCommand();
          mycommand.CommandText="GetCourseByTeacherID '"+ShareClass.ID+
          "','"+cmbTerm.SelectedItem+"'";
          myds=conclass.GetDataSet(mycommand.CommandText, "CourseName");
          dataGridView1.DataSource=myds.Tables["CourseName"];
          dataGridView1.Columns[0].HeaderText="";
          dataGridView1.Columns[1].HeaderText="班级";
          dataGridView1.Columns[2].HeaderText="课程编号";
          dataGridView1.Columns[3].HeaderText="课程名称";
        }
        catch(Exception e1)
        {
          MessageBox.Show(e1.Message);
        }
    }
}
```

3. 显示录入成绩窗体

dataGridView1 的 CellContentClick 事件方法代码如下：

```
///<summary>
///显示录入成绩窗体,将课程编号、班级编号和学期信息传递到录入成绩窗体
///</summary>
```

```
private void dataGridView1_CellContentClick(object sender,
DataGridViewCellEventArgs e)
{
    if(e.ColumnIndex !=-1 && e.ColumnIndex==0)
    {
        string CourseID=dataGridView1.CurrentRow.Cells[2].Value.ToString();
        string ClassID=dataGridView1.CurrentRow.Cells[1].Value.ToString();
        string Term=cmbTerm.SelectedItem.ToString();;
        InsertScore2 insertform=new InsertScore2();
        insertform.ClassID=ClassID;
        insertform.CourseID=CourseID;
        insertform.Term=Term;
        insertform.ShowDialog();
    }
}
```

本 章 小 结

本章主要完成学生成绩管理系统中教师查询教授课程功能。首先提出本章任务——完成教师查询教授课程功能，然后为该功能的设计进行知识准备，主要介绍 DataGridView 控件的使用方法、存储过程概念以及如何调用存储过程方法，通过例题演示操作过程加深对知识的理解。最后按照设计界面、设置属性和编写代码三个步骤完成教师查询教授课程窗体的设计。

DataGridView 的使用方法：只读 ReadOnly 属性，指定数据源 DataSource 属性，网格列 Columns 属性；单击单元格 CellClick 事件，单击网格控件 Click 事件，选择内容更改 SelectionChanged 事件。

调用存储过程：使用 SqlCommand 命令调用存储过程，SqlCommand 命令中的 CommandType 属性设置为 StoredProcedure，SqlCommand 命令设置调用存储过程名称。

习 题

填空题

1. DataGridView 由两种基本的对象组成：_____和_____。

2. SqlCommand 调用存储过程，CommandType 属性默认值是_____。

3. 使用 SqlCommand 调用存储过程，将其_____属性设置为_____，表示要执行的是一个存储过程。

操作题

完成教师查询教授课程窗体的设计。

第 10 章　学生成绩管理系统——教师录入成绩功能设计

本章要点
> DataGridView 控件高级应用。

学习目标
- 掌握 DataGridView 的高级应用。
- 完成教师录入成绩功能。

10.1　本章任务

本章任务是完成学生成绩管理系统教师录入成绩窗体的设计，教师录入成绩窗体运行效果如图 10-1 和图 10-2 所示。

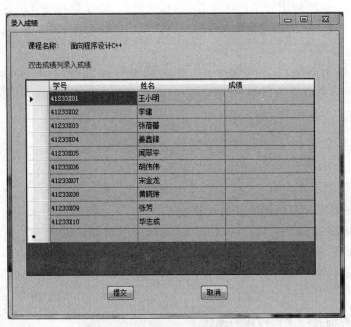

图 10-1　教师录入成绩界面(前)

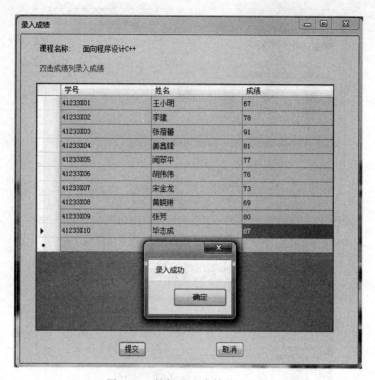

图 10-2 教师录入成绩界面(后)

10.2 准 备 工 作

教师录入成绩窗体涉及的知识内容包括 DataGridView 控件等。本章从这几个方面进行知识准备。

第 9 章中已介绍 DataGridView 控件的基本应用,本节将深入学习 DataGridView 控件。分别从该控件的数据绑定、控件的格式化等内容介绍。

1. 添加数据源

(1) 在项目中添加数据源,如图 10-3 所示。

(2) 选择数据库,单击【下一步】按钮,出现【选择数据库模型】窗口,在其中选择【数据集】选项,即可配置数据连接。

(3) 选择新建连接,建立于绑定数据源对象的连接。接下来会询问用户需要使用何种类型的数据库,选择 Microsoft SQL Server 数据库文件,如图 10-4 所示。

(4) 在【添加连接对】话框中(见图 10-5),浏览并选择数据库文件 ScoreDB. mdf,稍后会将该文件添加到项目中。单击测试连接按钮,将会看到一条测试连接成功的消息,单击【确定】按钮。

图 10-3   在数据源配置向导的第一步中选择数据库

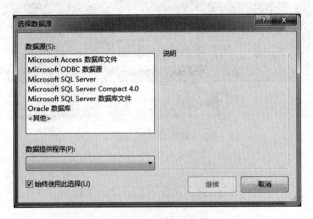

图 10-4   选择数据库模型

图 10-5   【添加连接】对话框

（5）在选择数据库对象对话框中，展开表节点，选中需要的数据表即可（见图 10-6），
单击【完成】按钮。

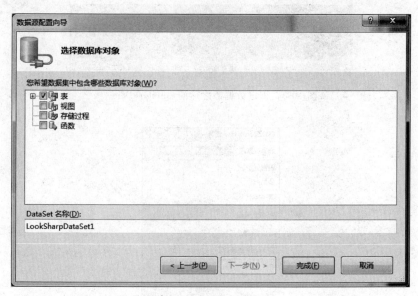

图 10-6 选择数据库对象

2. 绑定数据源

在窗体中添加 DataGridView 控件，展开其智能标签（见图 10-7），选择 customer 表，
DataGridView 控件如图 10-8 所示。

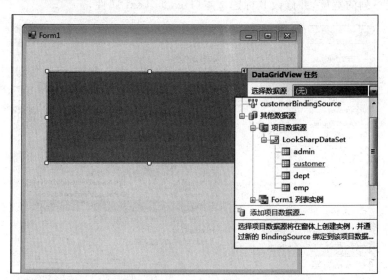

图 10-7 绑定数据源

3. 格式化 DataGridView

在设计器中，单击 DataGridView，然后单击智能标签箭头。在弹出的智能标签中选
择"编辑列"（见图 10-9）。

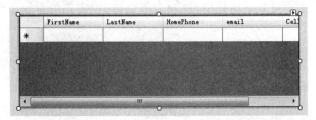

图 10-8　绑定数据源之后的 DataGridView

图 10-9　网格的智能标签

在【编辑列】对话框中,如图 10-10 所示,可以添加和删除列,同时可对列进行排序。还可以设置一列的宽度,并修改其标题文本(HeaderText 属性)。

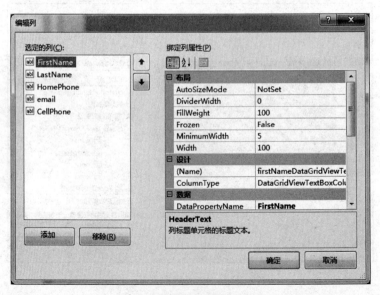

图 10-10　【编辑列】对话框

(1) 设置 DataGridView 只读属性。

设置 DataGridView1 为只读:

```
DataGridView1.ReadOnly=true;
```

此时,用户的新增行操作和删除行操作也被屏蔽了。

设置 DataGridView1 的第 n 列整列单元格为只读:

```
DataGridView1.Columns[n].ReadOnly=true;
```

设置 DataGridView1 的第 n 行整行单元格为只读:

```
DataGridView1.Rows[n].ReadOnly=true;
```

设置 DataGridView1 的某个单元格为只读:

```
DataGridView1 [m,n].ReadOnly=true;          //第 m 行第 n 列位置的单元格只读
```

(2) 设置 DataGridView 列标题是否显示。

```
DataGridView1.ColumnHeadersVisible=true;
```

(3) 修改某列名。

```
DataGridView1.Columns[0].HeaderText="姓名";
```

(4) 隐藏某列。

```
DataGridView1.Column[0].Visible=false;
```

(5) 取某个单元格的值。

```
DataGridView1.Rows[1].Cells[1].Value.ToString();
```

(6) 取选中行的索引。

```
int index=DataGridView1.Rows.IndexOF(DataGridView1.SelectedRows[0]);
```

(7) 在 DataGridView 中添加复选框按钮。

```
DataGridViewCheckBoxColumn objchbtn=new DataGridViewCheckBoxColumn();
DataGridView1.Columns.Insert(0, objchbtn);
```

10.3　实现教师录入成绩功能

10.3.1　设计界面

InsertScore 窗体中控件如图 10-1 所示,控件有标签、网格控件和按钮。

10.3.2　设置属性

教师录入成绩窗体(InsertScore)及其各个控件的属性设置如表 10-1 所示。

表 10-1　教师录入成绩窗体(InsertScore)控件属性表

对　象	控件类	属　性	属　性　值
InsertScore	Form	Name	InsertScore
		Text	(空)
		FormBorderStyle	FixedDialog
		StartPosition	CenterScreen
Label1	Label	Name	Label1
		Text	课程名称
lblCourseName	Label	Name	lblCourseName
		Text	(空)
Label2	Label	Name	Label2
		Text	双击成绩列录入成绩
		ForeColor	Red
dataGridView1	DataGridView	Name	dataGridView1
btnOK	Button	Name	btnOK
		Text	提交
btnCancel	Button	Name	btnCancel
		Text	取消

10.3.3　编写代码

本章用到数据库存储过程 GetStudentByClassIDCourseID,具体代码如下:

```
ALTER PROCEDURE [dbo].[GetStudentByClassIDCourseID]
    @ClassID NVARCHAR(50),
    @CourseID NVARCHAR(50)
AS
BEGIN
SELECT DISTINCT Student.ID, Student.StudentName,score from student inner join
score
    on student.id=score.studentid where classid=@ClassID and courseid=
@CourseID
END
```

教师录入成绩窗体(InsertScore)所需的事件处理程序有窗体的 Load 事件、确定按钮的 Click 事件、取消按钮的 Click 事件,具体事件处理功能如表 10-2 所示。

表 10-2 教师录入成绩窗体各对象事件处理列表

对 象	事 件 方 法	事件伪代码
InsertScore	InsertScore_Load	在标签 lblCourseName 中显示要录入课程名称; 在网格 dataGridView1 中显示学生列表,学生列表中只有成绩列是可编辑的
btnOK	btnOK _Click	验证成绩是否全部录入,如果全部录入则保存成绩,否则提示要求全部录入
btnCancel	btnCancel _Click	关闭当前窗体

1. 初始化教师录入成绩窗体 InsertScore

InsertScore 的 Load 事件方法代码如下:

```
///<summary>
///初始化窗体,在窗体中显示录入课程名称,学生列表
///</summary>
private SqlConnection mycon=new SqlConnection(ConnectionClass.GetConStr);
private SqlCommand mycommand=null;
ConnectionClass conclass=new ConnectionClass();
DataSet myds=null;
private void InsertScore2_Load(object sender, EventArgs e)
{
    //显示课程名称
    //lblCourseName.Text=this.CourseID;
    mycommand=mycon.CreateCommand();
    mycommand.CommandText="select coursename from course where courseid=
'"+this.CourseID+"'";
    myds=conclass.GetDataSet(mycommand.CommandText, "Course");
    lblCourseName.Text=myds.Tables["Course"].Rows[0][0].ToString();
    //显示学生列表
    mycommand=mycon.CreateCommand();
    mycommand.CommandText="GetStudentByClassIDCourseID '"+this.ClassID+
"','"+this.CourseID+"'";
    myds.Clear();
    myds=conclass.GetDataSet(mycommand.CommandText, "StudentList");
    dataGridView1.DataSource=myds.Tables["StudentList"];
    dataGridView1.Columns[0].ReadOnly=true;
    dataGridView1.Columns[0].HeaderText="学号";
    dataGridView1.Columns[1].ReadOnly=true;
    dataGridView1.Columns[1].HeaderText="姓名";
    dataGridView1.Columns[2].ReadOnly=false;
    dataGridView1.Columns[2].HeaderText="成绩";
}
```

2. 录入成绩后单击【提交】按钮功能

btnOK 的 Click 事件方法代码如下：

```
///<summary>
///保存成绩
///</summary>
private void btnOK_Click(object sender, EventArgs e)
{
    bool ScoreIsNull=false;
    for(int i=0; i<myds.Tables["StudentList"].Rows.Count; i++)
    {
        if(string.IsNullOrEmpty(myds.Tables["StudentList"].Rows[i][2]
        .ToString()))
        {
            ScoreIsNull=true;
            break;
        }
    }
    if(ScoreIsNull)
    {
        MessageBox.Show("请录入全部成绩");
    }
    else
    {
        try
        {
            mycommand=mycon.CreateCommand();
            if(mycon.State==ConnectionState.Closed)
            {
                mycon.Open();
            }
            for(int i=0; i<myds.Tables["StudentList"].Rows.Count; i++)
            {
                string StudentID=myds.Tables["StudentList"].Rows[i][0].
                ToString();
                string Score=myds.Tables["StudentList"].Rows[i][2].ToString();
                mycommand.CommandText="update Score set Score="+Score
                    +"where CourseID='"+CourseID+"' and StudentID='"
                    +StudentID+"' and Term='"+Term+"'";
                mycommand.ExecuteNonQuery();
            }
            MessageBox.Show("录入成功");
        }
        catch(Exception e1)
```

```
    {     MessageBox.Show("数据库问题");
    }
    finally
    {
        mycon.Close();
    }
}
}
```

本 章 小 结

本章主要完成学生成绩管理系统中教师录入成绩功能。首先提出本章任务——完成教师录入成绩功能，然后为该功能的设计进行知识准备，主要介绍 DataGridView 控件的高级应用：添加数据源、绑定数据源、格式化 DataGridView 控件。最后按照设计界面、设置属性和编写代码三个步骤完成教师录入成绩窗体的设计。

习　　题

操作题

完成教师录入成绩窗体的设计。

简答题

1. 设置 DataGridView1 为只读。

2. 设置 DataGridView1 的第 n 行整行单元格为只读。

3. 设置 DataGridView1 的第 m 行第 n 列位置的单元格只读。

4. 设置 DataGridView 列标题显示。

5. 将 DataGridView 第一列的名称修改为"姓名"。

6. 隐藏 DataGridView 的第一列。

7. 获取 DataGridView 中第 2 行第 2 列位置的值。

第 11 章 学生成绩管理系统——学生查询成绩功能设计

本章要点

➤ 调用存储过程。

学习目标

• 掌握存储过程调用方法。
• 完成学生查询成绩功能。

11.1 本 章 任 务

本章任务是完成学生成绩管理系统学生查询成绩窗体的设计,学生查询成绩窗体运行效果如图 11-1 和图 11-2 所示。

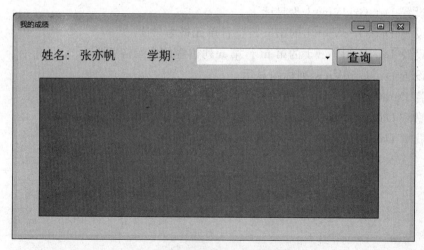

图 11-1 学生查询成绩界面(前)

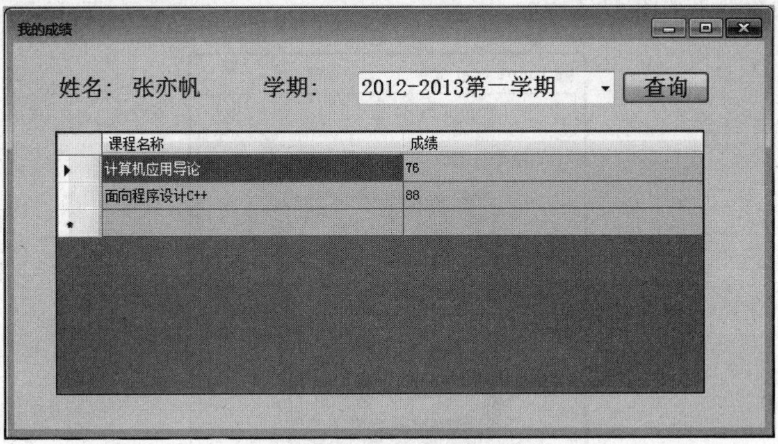

图 11-2　学生查询成绩界面(后)

11.2　准　备　工　作

学生查询成绩窗体涉及的知识内容包括 DataGridView 控件、使用存储过程等,这些内容在前面章节中已经学过,本章介绍调用存储过程的另一种方法。

现有存储过程 GetStudentNameByStudentID,功能是根据学生学号检索到学生姓名,具体代码如下:

```
ALTER PROCEDURE GetStudentNameByStudentID
    @StudentID NVARCHAR(50)
AS
BEGIN
    SELECT studentName from student where id=@StudentID
END
```

【实例 11-1】　在应用程序中调用 GetStudentNameByStudentID 存储过程。

```
SqlConnection mycon=new SqlConnection(ConnectionClass.GetConStr);
SqlCommand mycommand=mycon.CreateCommand();
mycommand.CommandType=CommandType.StoredProcedure;
mycommand.CommandText="GetStudentNameByStudentID";
SqlParameter studentid=mycommand.Parameters.Add("@StudentID", SqlDbType
.NVarChar);
studentid.Value=textBox1.Text.Trim();
mycon.Open();
string sname=mycommand.ExecuteScalar().ToString();
mycon.Close();
MessageBox.Show(sname);
```

程序运行效果如图 11-3 所示。

图 11-3　通过学号查询姓名

程序解释：

（1）mycommand. CommandType＝CommandType. StoredProcedure；

该语句功能是指定 SQL 语句的类型为存储过程。

（2）mycommand. CommandText＝"GetStudentNameByStudentID"；

该语句功能是指定调用的存储过程名称为 GetStudentNameByStudentID。

（3）SqlParameter studentid ＝ mycommand. Parameters. Add（"@ StudentID"，
SqlDbType. NVarChar）；

studentid. Value＝textBox1. Text. Trim（）；

这两条语句功能是为定义存储过程的参数，同时给该参数赋值。

（4）string sname＝mycommand. ExecuteScalar（）. ToString（）；

通过这条语句执行 GetStudentNameByStudentID 存储过程，获取检索到的学生姓名
信息。

11.3　实现学生查询成绩功能

11.3.1　设计界面

MyScore 窗体中控件如图 11-1 所示，控件有标签、网格控件、组合框和按钮。

11.3.2　设置属性

学生查询成绩窗体（MyScore）及其各个控件的属性设置如表 11-1 所示。

表 11-1　学生查询成绩窗体（**MyScore**）控件属性表

对　象	控件类	属　性	属　性　值
MyScore	Form	Name	MyScore
		Text	我的成绩
		FormBorderStyle	FixedDialog
		StartPosition	CenterScreen
Label1	Label	Name	Label1
		Text	姓名
lblname	Label	Name	lblname
		Text	（空）
Label2	Label	Name	Label2
		Text	学期
cmbTerm	ComboBox	Name	cmbTerm
dataGridView1	DataGridView	Name	dataGridView1
btnDisplay	Button	Name	btnDisplay
		Text	查询

11.3.3　编写代码

本章用到数据库存储过程 DisplayScore，具体代码如下：

```
ALTER PROCEDURE [dbo].[DisplayScore]
    @StudentID NVARCHAR(50),
    @Term NVARCHAR(50)
AS
BEGIN
    IF @Term='0'
      BEGIN
        SELECT Course.CourseName 课程名称,Score.Score 成绩 FROM Course,Score
        WHERE Course.CourseID=Score.CourseID
          AND Score.StudentID=@StudentID
      END
    ELSE
      BEGIN
        SELECT Course.CourseName 课程名称,Score.Score 成绩 FROM Course,Score
        WHERE Course.CourseID=Score.CourseID
          AND Score.StudentID=@StudentID AND Score.Term=@Term
      END
END
```

学生查询成绩窗体（MyScore）所需的事件处理程序有窗体的 Load 事件、查询按钮的 Click 事件，具体事件处理功能如表 11-2 所示。

表 11-2　学生查询成绩窗体各对象事件处理列表

对　象	事　件　方　法	事件伪代码
MyScore	MyScore_ Load	在标签 lblname 中显示学生姓名； 在组合框 cmbTerm 中显示学期列表
btnDisplay	btnDisplay _Click	通过学生学号和学期列表，检索该生课程成绩信息在 dataGridView1 控件中显示

1. 初始化学生查询成绩窗体 MyScore

MyScore 的 Load 事件方法代码如下：

```
///<summary>
///初始化窗体,在标签 lblname 中显示学生姓名,在组合框 cmbTerm 中显示学期列表在
///</summary>
private void MyScore_Load(object sender, EventArgs e)
{
    //初始化学期
    cmbTerm.Items.Clear();
    cmbTerm.Items.Add("2012-2013 第一学期");
    cmbTerm.Items.Add("2012-2013 第二学期");
    cmbTerm.Items.Add("2013-2014 第一学期");
    cmbTerm.Items.Add("2013-2014 第二学期");
    //初始化学号
    txtID.Text=ShareClass.Name;
}
```

2. 选择学期后单击"查询"按钮

btnDisplay 的 Click 事件方法代码如下：

```
///<summary>
///显示课程成绩
///</summary>
private SqlConnection mycon=new SqlConnection(ConnectionClass.GetConStr);
private SqlCommand mycommand=null;
ConnectionClass conclass=new ConnectionClass();
DataSet myds=null;
private void btnDisplay_Click(object sender, EventArgs e)
{
    mycommand=mycon.CreateCommand();
    if(cmbTerm.SelectedIndex==-1)
    {
```

```
    mycommand.CommandText="DisplayScore '"+ShareClass.ID+"','0'";
}
else
{
    mycommand.CommandText="DisplayScore '"+ShareClass.ID+"','"+cmbTerm
    .SelectedItem+"'";
}
myds=conclass.GetDataSet(mycommand.CommandText, "Score");
dataGridView1.DataSource=myds.Tables["Score"];
}
```

本 章 小 结

本章主要完成学生成绩管理系统中学生查询成绩功能。首先提出本章任务——完成学生查询成绩功能，然后为该功能的设计进行知识准备，主要介绍存储过程的另一种调用方式。最后按照设计界面、设置属性和编写代码三个步骤完成学生查询成绩窗体的设计。

习 题

操作题

完成学生查询成绩窗体的设计。

简答题

如何调用带有参数的存储过程？

第 12 章　Windows 应用程序的部署

本章要点

➢ 部署的概念。
➢ 部署策略。
➢ 部署方法。

学习目标

• 掌握部署的概念。
• 掌握部署的两种策略及其适用场合。
• 掌握使用 ClickOnce 部署应用程序的方法。

12.1　部署概述

部署(打包)是指将已完成的计算机程序或组件安装到其他计算机的过程。在进行部署操作时,先将所编写的程序编译成可执行文件或 Web 上可部署的文件,然后制作成可以脱离编译环境的安装文件,再到其他计算机上完成安装操作。在 Windows 环境下,最常见的可执行安装文件 Setup.exe 就是一个打包文件。本章主要介绍 Windows 应用程序的部署方法。

12.2　部署策略

Visual Studio 2012 中,Windows 应用程序的部署策略分为两种:使用 ClickOnce 技术发布应用程序,或使用 Windows Installer 技术通过传统安装来部署应用程序。

Windows 应用程序的部署策略应考虑以下几个因素:应用程序类型、用户的类型和位置、应用程序更新的频率以及安装要求。

12.2.1　ClickOnce

使用 ClickOnce 时,先使用发布向导打包成 ClickOnce 应用程序,然后把打包好的应用程序发布出去,用户直接从该位置一步安装和启动应用程序。ClickOnce 部署体系结构基于应用程序清单文件和部署清单文件。应用程序清单包含应用程序自身的信息,包括程序集、组成应用程序的依赖项和文件、所需的权限以及提供更新的位置。部署清单包含应用程序的部署方式,包括应用程序清单的位置和客户端应运行的应用程序的版本。

ClickOnce 应用程序采用三种不同的方式发布:从网页发布、从网络文件共享发布或者从媒体发布。ClickOnce 安全采用证书、代码访问安全性策略和 ClickOnce 信任提示三种方式来验证。证书用来确认应用程序的合法性和真实性,代码访问安全性可以限制代码访问的资源范围,ClickOnce 信任提示让用户自己来决定是否信任和运行 ClickOnce 应用程序。

ClickOnce 应用程序可以自动更新,开发人员或网络管理员设置更新行为和更新策略,控制 ClickOnce 应用程序可以自动检查是否存在新版本,如有新版本则自动更新所有可更新文件。用户和系统管理员也可以撤销 ClickOnce 应用程序的更新,使其回滚到更新前的版本。

ClickOnce 应用程序是独立的,每个 ClickOnce 应用程序的安装和运行所使用的缓存是相对独立的,与现有的应用程序不冲突。

12.2.2 Windows Installer

Windows Installer 是作为 Windows 操作系统的组成部分随带的安装和配置服务,而 Visual Studio 中的 Windows Installer 部署工具建立在 Windows Installer 的基础之上。使用 Windows Installer 部署,可以在解决方案中添加安装项目后,创建要分发给用户的安装程序包,然后用户通过向导来运行安装文件和执行安装步骤,以安装应用程序。

Windows Installer 在每台计算机中都有信息数据库,包含该计算机中安装的所有应用程序的基本信息,这使得该计算机的添加和删除程序功能可以正常进行。不仅如此,Windows Installer 提供自我修复的能力,即应用程序能够自动重新安装因用户误删除而丢失的文件;Windows Installer 还提供回滚安装的能力,即安装过程出错时,能够删除所有已安装的文件和已修改的系统项目,使系统恢复到安装前的状态。

Visual Studio 中,Windows Installer 用于创建安装程序,以便分发应用程序,最终产生的安装程序是 Windows Installer(.msi)文件,该文件包含应用程序、任何依赖文件以及有关应用程序的信息。在 Visual Studio 中,有两种类型的安装项目,即"安装"项目和"Web 安装"项目,它们之间的区别在于安装程序的部署位置:"安装"项目将文件安装到目标计算机的文件系统中;而"Web 安装"项目将文件安装到 Web 服务器的虚拟目录中。

ClickOnce 部署以单个用户为基础安装应用程序,大大简化了安装和更新应用程序的过程,但不能满足复杂配置的需求。Windows Installer 部署不仅能以单个用户为基础安装,还能以每台计算机为基础来安装。ClickOnce 部署的操作更简便,Windows Installer 的适应性更强。

12.3 部署学生成绩管理系统

12.3.1 生成 Windows 应用程序安装包

本章采用 ClickOnce 技术来生成 Windows 应用程序安装包。ClickOnce 发布程序的具体操作如下：

在设计完成的 Visual Studio 2012 项目中，选择【生成】菜单下的【发布】命令，打开【发布向导】对话框，如图 12-1 所示。

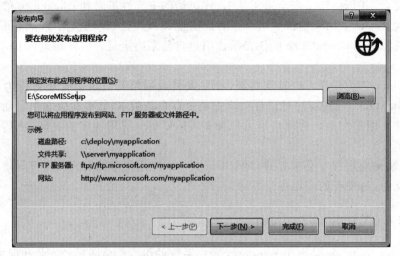

图 12-1　【发布向导】对话框之指定发布应用程序的位置

单击【发布向导】对话框中【浏览】按钮，打开【打开网站】对话框，如图 12-2 所示。设置 ClickOnce 发布程序的存储位置，存储位置可以是文件系统、本地 IIS、FTP 站点或远程站点之一。设置完毕，单击【打开】按钮，返回【发布向导】对话框。

图 12-2　【打开网站】对话框

　　单击【发布向导】对话框中【下一步】按钮，界面如图 12-3 所示。设置用户安装应用程序的方法，是从网站、从 UNC 或共享路径还是 CD-ROM 或 DVD-ROM。

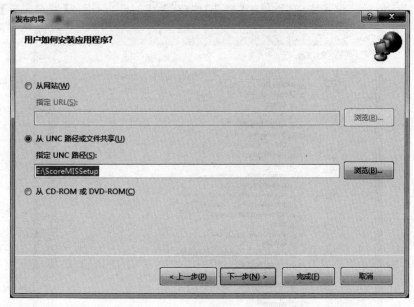

图 12-3　【发布向导】对话框之用户如何安装应用程序

　　如果选择从网站，那么选择【从网站】单选按钮，并单击【从网站】单选按钮后的【浏览】按钮，打开【打开网站】对话框，设置要打开的网站，如图 12-4 所示。设置完毕后，单击【打开】按钮，关闭对话框，返回【发布向导】对话框。

图 12-4　【打开网站】对话框之选择打开的网站

如果选择从 UNC 或共享路径,那么选择【从 UNC 或共享路径】单选按钮,并单击【从 UNC 或共享路径】单选按钮后的【浏览】按钮,打开【打开网站】对话框,设置要打开的文件夹,如图 12-5 所示。设置完毕后,单击【打开】按钮,关闭对话框,返回【发布向导】对话框。

图 12-5 【打开网站】对话框之选择打开的文件夹

注意:如果选择从 UNC 或共享路径,路径字符串应该是完全限定的 UNC 路径,例如\\Servername\\Pathname。

单击【发布向导】对话框中【下一步】按钮,界面如图 12-6 所示。设置应用程序是否将

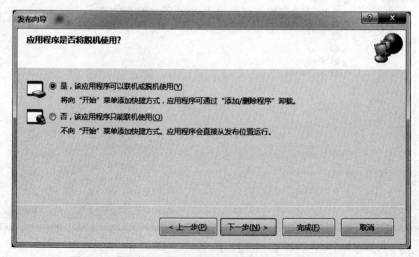

图 12-6 【发布向导】对话框之应用程序是否将脱机使用

脱机使用。如果应用程序可以脱机使用,安装程序将向"开始"菜单添加快捷方式,应用程序将可以通过"添加/删除程序"进行卸载。如果应用程序只能联机使用,开始菜单不会添加对应的快捷方式,应用程序将直接从发布位置运行。

　　单击【发布向导】对话框中【下一步】按钮,界面如图 12-7 所示。【发布向导】对话框中显示所有设置内容,确认无误,单击【完成】按钮,完成发布程序。系统完成发布程序后,会在 Visual Studio 的状态栏中提示"发布成功"。

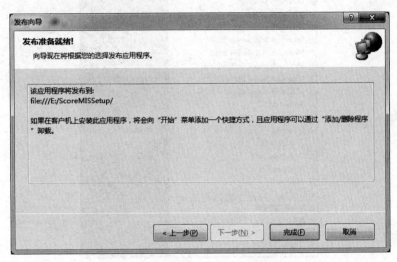

图 12-7　【发布向导】对话框之发布准备就绪

12.3.2　Windows 应用程序安装

　　在上一节中已经把应用程序部署为安装程序,下面可以在此基础上进行安装。安装过程与常见的软件安装相同,双击生成的"Setup. exe"文件,弹出【应用程序安装-安全警告】对话框,提示用户确认是否安装应用程序,界面如图 12-8 所示。

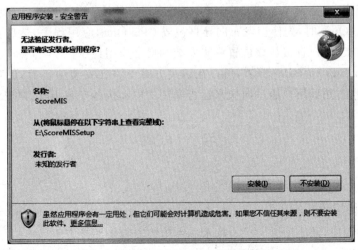

图 12-8　【应用程序安装-安全警告】对话框

安装程序运行结束后,自动运行应用程序,同时开始菜单中添加对应的快捷方式,如图 12-9 所示。

图 12-9　开始菜单中应用程序的快捷方式

本 章 小 结

部署(打包)是指将已完成的计算机程序或组件安装到其他计算机的过程。

Visual Studio 2012 中,Windows 应用程序的部署策略分为两种:使用 ClickOnce 技术发布应用程序,或使用 Windows Installer 技术通过传统安装来部署应用程序。

使用 ClickOnce 时,先使用发布向导打包成 ClickOnce 应用程序,然后把打包好的应用程序发布出去,用户直接从该位置一步安装和启动应用程序。

使用 Windows Installer 部署,可以在解决方案中添加安装项目后,创建要分发给用户的安装程序包,然后用户通过向导来运行安装文件和执行安装步骤,以安装应用程序。

习　　题

填空题

1. Visual Studio 2012 中,Windows 应用程序的部署策略分为两种:使用_____技术发布应用程序,或使用_____技术通过传统安装来部署应用程序。

2. 使用 ClickOnce 时,先使用_____打包成 ClickOnce 应用程序,然后把打包好的应用程序发布出去,用户直接从该位置一步安装和启动应用程序。使用 Windows Installer 部署,可以在解决方案中添加_____后,创建要分发给用户的_____,然后用户通过向导来运行安装文件和执行安装步骤,以安装应用程序。

选择题

1. ClickOnce 最终产生的安装程序是(　　)。

    A. Setup. exe　　　　　　　　B. Windows Installer(. msi) 文件

    C. iso 文件　　　　　　　　　D. autoexec. bat

2. Windows Installer 最终产生的安装程序是(　　)。

    A. Setup. exe　　　　　　　　B. Windows Installer(. msi) 文件

    C. iso 文件　　　　　　　　　D. autoexec. bat

操作题

练习部署学生成绩管理系统。

简答题

1. 什么是部署?

2. ClickOnce 部署和 Windows Installer 部署各有什么特点?

第 13 章　Web 应用程序基础

本章要点

➢ ASP.NET 的特点。
➢ IIS 及其安装。
➢ ASP.NET 控件。
➢ 创建 Web 应用程序。
➢ 发布 Web 应用程序。

学习目标

• 掌握 ASP.NET 的特点。
• 掌握安装 IIS 的方法。
• 掌握设置虚拟目录的方法。
• 掌握 ASP.NET 控件中 HTML 控件、Web 服务器控件和验证控件的作用。
• 掌握创建 Web 应用程序的方法。
• 掌握发布 Web 应用程序的方法。

13.1　ASP.NET 的特点

ASP.NET 的前身是 ASP(Active Server Page)技术,是服务器端应用程序的开发工具,得到广泛应用。但是随着技术的发展,ASP 技术的缺点日渐明显,如面向过程化的程序使得维护不便,解释型的语言限制了性能的提升,系统扩展性受限等等。2002 年 1 月,微软推出了 ASP.NET,和.NET Framework 1.0。之后,随着.NET 的不断升级,ASP.NET 的性能也不断提高。Visual Studio 2012 所使用的 ASP.NET 版本是 4.5。

ASP.NET 是.NET Framework 的一个组成部分,是一个统一的 Web 开发模型,用于开发 Web 应用程序。ASP.NET 页和控件框架是一种编程框架,属于服务器端脚本技术。它在 Web 服务器上运行,可以动态地生成和呈现 ASP.NET 网页。可以从任何浏览器或客户端设备请求 ASP.NET 网页,ASP.NET 会将结果以 HTML 的形式返回。

ASP.NET 提供了可用于创建 Web 应用程序的框架,框架的组成模块包括 HTTP 处理程序、HTTP 模块、状态管理和 ASP.NET 路由。其中,HTTP 处理程序是响应对 ASP.NET Web 应用程序的请求而运行的过程,最常用的处理程序是处理.aspx 文件的 ASP.NET 页处理程序。HTTP 模块是一个在每次针对应用程序发出请求时调用的程序集,在整个请求过程中访问生命周期事件,可以检查传入和传出的请求并根据该请求进行操作。ASP.NET 状态管理负责管理页内和应用程序内需要保留的数据,客户端用于保存数据的有视图状态、控件状态、隐藏域、Cookie 和查询字符串,服务器端的内存用于保存应用程序状态、会话状态和配置文件属性。ASP.NET 路由使得 Web 应用程序中使用特定的 URL 和 URL 模式,更方便编程。

ASP.NET 主要特点如下：

(1) 面向对象模型。ASP.NET 服务器控件是基于 HTML 页的物理内容以及浏览器与服务器之间的直接交互的一种抽象模型。ASP.NET 页框架将窗体当作一个完整的对象来处理,可以对页中的各个元素的属性和相应事件进行设置。服务器控件的使用和在客户端应用程序中控件的使用方式是一样的。

(2) 事件驱动。ASP.NET Web 应用程序使用事件处理程序来完成操作。ASP.NET 页框架捕获客户端上的事件,传输到服务器并调用适当方法等操作,这一切对用户都是透明的。

(3) 直观的状态管理。ASP.NET 页框架会自动处理页及其控件的状态维护任务,使得通过显式方式维护应用程序特定信息的状态。客户端和服务器端均有用于保存应用程序状态的功能。

(4) .NET Framework 公共语言运行时的支持。ASP.NET 页框架是在 .NET Framework 的基础上生成的,因此整个框架可用于任何 ASP.NET 应用程序。数据访问通过 .NET Framework 提供的数据访问基础结构(包括 ADO.NET)得到了简化。

ASP.NET 的首选开发语言是 C♯ 和 VB.NET,但也可以使用与公共语言运行库(CLR)兼容的任何语言来访问 .NET Framework 中的类,编写 Web 应用程序的代码,从 Web 上流畅地访问 .NET 类库以及消息和数据访问解决方案。ASP.NET 网页兼容所有浏览器或移动设备。

ASP.NET 启用了分布式应用程序的两个功能：Web 窗体和 XML Web 服务。Web 窗体技术用于创建基于窗体的网页,使用可重复使用的内建组件或自定义组件以简化页面中的代码。ASP.NET 提供的 XML Web 服务用于远程服务器访问,商家可以提供其数据或商业规则的可编程接口,客户端和服务器端应用程序按照标准和协议远程启用数据交换,从而完成访问。

13.2　IIS

13.2.1　安装 IIS

IIS 是 Internet Information Services 的缩写,是由微软公司提供的基于运行 Microsoft Windows 的互联网基本服务。IIS 是基于互联网的文件和应用程序服务器,其中包括 Web 服务器、FTP 服务器、NNTP 服务器和 SMTP 服务器,分别用于网页浏览、文件传输、新闻服务和邮件发送等方面,是在 Windows NT Server 上建立 Internet 服务器的基本组件。

　　目前普遍使用的 IIS 版本是 IIS 7.0、IIS 7.5 和 IIS 8.0。IIS7.0 和 IIS 7.5 支持的操作系统包括 Windows 7、Windows Server 2003、Windows Server 2008、Windows Server 2008 R2、Windows Vista 和 Windows XP。IIS 8.0 支持的操作系统包括 Windows 7、Windows Server 2008、Windows Server 2008 R2、Windows Server 2012、Windows Server 2012 R2 和 Windows Vista Service Pack 1。

　　IIS 7.5 启用了配置、脚本、事件日志和管理工具特性集的可扩展性,向开发人员提供了一个完备的服务器平台,开发人员可以在该平台上建立 Web 服务器扩展模块。IIS 7.5 的可扩展性包括一个全新的核心服务器 API 集合,这使得特性模块可以用本机码(C/C++)或托管代码开发。IIS 7.5 允许负责 Web 应用程序或服务的人来代理权限,通过选择性地安装和运行特性增强安全性。

　　IIS 8.0 集成了初始化模块、SSL 认证支持、动态 IP 地址限制功能、FTP 尝试登录限制功能。IIS 8.0 对于 CPU 节流已经得到更新且包括额外的节流选项。IIS 8.0 为用户提供了集成的、可靠的、可扩展的、安全的及可管理的内联网、外联网和互联网 Web 服务器解决方案。

　　IIS 不属于安装 Windows 操作系统时的必装组件,因此可以在安装 Windows 操作系统时选定 IIS 安装,也可以在 Windows 操作系统安装结束后使用控制面板安装 IIS。

　　使用控制面板安装 IIS 的步骤如下:

　　(1) 从【开始】菜单,单击【控制面板】,打开控制面板,界面如图 13-1 所示。

图 13-1　控制面板

　　(2) 单击【程序】,打开【程序】界面,如图 13-2 所示。

　　(3) 单击【程序和功能】下的【打开或关闭 Windows 功能】界面,打开【Windows 功能】对话框,如图 13-3 所示。【Windows 功能】对话框中显示当前 Windows 操作系统中已打开的功能。

　　(4) 单击【Internet 信息服务】,根据需要选择【Internet 信息服务】所包含的服务及其具体内容,界面如图 13-4 所示。单击【确定】按钮,完成安装 IIS。

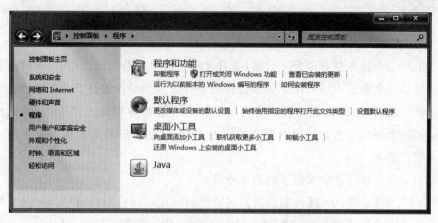

图 13-2　【控制面板-程序】界面

图 13-3　【Windows 功能】对话框

图 13-4　【Windows 功能】界面

13.2.2　设置虚拟目录

每个 Internet 站点都有一个主目录,主目录将处理客户端的默认请求,该站点的主目录和子目录都包含在站点结构中。如果想使用主目录以外的其他目录或其他计算机上的目录来让客户端访问,那么就要将所需访问的目录设置为虚拟目录。IIS 将虚拟目录作为主目录的一个子目录来对待,IIS 服务器作为代理,根据客户端的请求来检索相应目录的文件来提供服务。

使用 IIS 管理器创建虚拟目录的操作步骤如下:

(1) 从【开始】菜单,单击【控制面板】,打开控制面板。在控制面板中,单击【系统和安全】→【系统和安全】→【管理工具】→【Internet 服务(IIS)管理器】,打开【Internet 信息服务(IIS)管理器】界面,如图 13-5 所示。

图 13-5　【Internet 信息服务(IIS)管理器】界面

(2) 单击需要添加虚拟目录的网站名称,单击【添加虚拟目录】命令,打开【添加虚拟目录】对话框,如图 13-6 所示。

(3) 设置别名和物理路径,单击【确定】按钮,关闭【添加虚拟目录】对话框。控制台界面如图 13-7 所示。

(4) 在虚拟目录中创建文件后,在【控制台】中单击网站下的虚拟目录,单击【浏览】命令,可打开该目录并浏览,界面如图 13-8 所示。

虚拟目录的操作还包括权限设置、添加应用程序和高级选项。

图 13-6　【添加虚拟目录】对话框

图 13-7　控制台

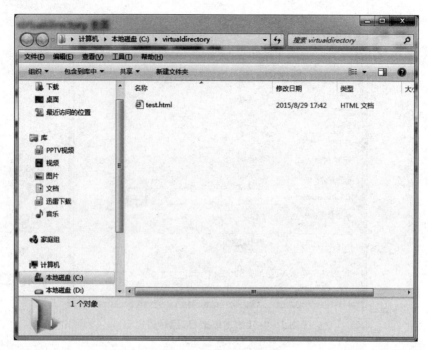

图 13-8 浏览虚拟目录

13.3 ASP.NET 控件简介

ASP. NET 网页作为 Web 应用程序的可编程用户接口。ASP. NET 网页在任何浏览器或客户端设备中向用户提供信息,并使用服务器端代码来实现应用程序逻辑,服务器上运行的代码动态地生成到浏览器或客户端设备的网页输出。ASP. NET 网页编译为动态链接库(.dll)文件。用户第一次浏览到 .aspx 页时,ASP. NET 自动生成表示该页的 .NET 类文件,然后编译此文件..dll 文件在服务器上运行,并动态生成页的 HTML 输出。

ASP. NET 网页是 ASP. NET 控件的容器。在 ASP. NET 网页中,用户界面编程分为两个部分:可视元素和逻辑。可视元素由一个包含静态标记(例如 HTML 或 ASP. NET 服务器控件或两者)的文件组成。ASP. NET 网页用作要显示的静态文本和控件的容器。ASP. NET 网页的逻辑由代码组成,代码用于与页进行交互。代码可以驻留在页的 script 块中或者单独的类中。因此,ASP. NET 网页的设计包括两个部分:控件的添加和代码的编写。ASP. NET 网页中的控件分为 HTML 服务器控件和 Web 服务器控件两类。

13.3.1 HTML 服务器控件

HTML 服务器控件是对服务器公开的 HTML 元素,可对其进行编程。默认情况下,

ASP. NET 文件中的 HTML 元素作为文本进行处理,并且不能在服务器端代码中引用这些元素。可以对 HTML 标签添加 runat = "server" 特性表明使 HTML 元素转变为 HTML 服务器控件来进行操作。HTML 服务器控件运行在服务器上,可以直接映射为标准 HTML 标签。HTML 服务器控件在外形上与普通的 HTML 元素相似,但 HTML 服务器控件具有独一无二的标识 ID。ASP. NET 应用程序可以在代码中通过标识 ID 来操作 HTML 服务器控件,通过设置特性来声明服务器控件实例上的属性参数和事件绑定。ASP. NET 中的 HTML 服务器控件列表如表 13-1 所示。

表 13-1　ASP. NET 中的 HTML 服务器控件表

控 件 名 称	控 件 功 能
HtmlAnchor	相当于＜a＞HTML 元素,可以链接到其他网页
HtmlButton	相当于＜button＞HTML 元素,可以作为按钮使用
HtmlForm	相当于＜form＞HTML 元素,可以作为网页中元素的容器
HtmlGenericControl	通用控件对象,作为不由特定的. NET Framework 类表示的 HTML 元素
HtmlHead	相当于 head HTML 元素
HtmlImage	相当于＜img＞HTML 元素,用于显示图像
HtmlInputButton	相当于＜input type="button"＞、＜input type="submit"＞、＜input type="reset"＞HTML 元素,可以作为命令按钮、提交按钮或重置按钮
HtmlInputcheckBox	相当于＜input type="checkbox"＞HTML 元素,作为复选框
HtmlInputFile	相当于＜input type="file"＞HTML 元素,作为文件框
HtmlInputHidden	相当于＜input type="hidden"＞HTML 元素,作为隐藏框
HtmlInputImage	相当于＜input type="image"＞HTML 元素,作为输入图像框
HtmlInputPassword	相当于＜input type="password"＞HTML 元素,作为不回显的单行文本框
HtmlInputRadioButton	相当于＜input type="radio"＞HTML 元素,作为单选按钮
HtmlInputReset	相当于＜input type="reset"＞HTML 元素,作为重置按钮
HtmlInputSubmit	相当于＜input type="submit"＞HTML 元素,作为提交按钮
HtmlInputText	相当于＜input type="text"＞和＜input type="password"＞HTML 元素,作为单行文本框
HtmlLink	相当于＜link＞HTML 元素,用于指定级联样式表引用
HtmlMeta	相当于＜meta＞HTML 元素,用于页的元数据
HtmlSelect	相当于＜select＞HTML 元素,作为下拉列表框
HtmlTable	相当于＜table＞HTML 元素,作为表格
HtmlTableCell	相当于＜td＞和＜th＞HTML 元素,作为表格中的单元格
HtmlTableRow	相当于＜tr＞HTML 元素,作为表格中的行
HtmlTextArea	相当于＜textarea＞HTML 元素,作为多行文本框
HtmlTitle	相当于＜title＞HTML 元素,作为页的标题

13.3.2 Web 服务器控件

Web 服务器控件比 HTML 服务器控件具有更多内置功能。Web 服务器控件不仅包括窗体控件(例如按钮和文本框),而且还包括特殊用途的控件(例如日历、菜单和树视图控件)。Web 服务器控件与 HTML 服务器控件相比更为抽象,它们与 HTML 服务器控件不是一一对应的。ASP.NET 中的 Web 服务器控件列表如表 13-2 所示。

表 13-2   ASP.NET Web 服务器控件表

控 件 名 称	控 件 功 能	控 件 名 称	控 件 功 能
Button	标准命令按钮	Lable	静态文本标签
Calendar	显示和选择日历	LinkButton	超链接按钮
CheckBox	复选框	ListBox	列表框(可单选或多选)
CheckBoxList	复选框列表	MultiView	一个或多个 View 控件的外部容器
DropDownList	下拉列表	View	控件和标记的容器
FileUpload	上传文件对话框	TextBox	文本框
HyperLink	超链接	RadioButton	单选按钮
Image	显示图像	RadioButtonList	单选按钮列表
ImageButton	图像按钮		

13.3.3 输入验证控件

输入验证控件是用于对输入控件中输入的内容进行验证的控件。验证的逻辑方法根据需要来设置,可对输入的值、模式及是否有输入进行检查。ASP.NET 输入验证控件列表如表 13-3 所示。

表 13-3   ASP.NET 输入验证控件表

控 件 名 称	控 件 功 能
RequiredFieldValidator	确保用户填写了所有项
CompareValidator	将用户输入与一个常数值或者另一个控件或特定数据类型的值进行比较
RangeValidator	检查用户的输入是否在指定的范围内
RegularExpressionValidator	检查项与正则表达式定义的模式是否匹配
CustomValidator	使用用户自定义的验证逻辑检查用户输入

除以上三种控件以外,用户还可以根据需要,创建 ASP.NET 用户控件,用于创建 ASP.NET 网页。ASP.NET 用户控件可以嵌入到其他 ASP.NET 网页中,这是一种创建工具栏和其他可重用元素的捷径。

13.4　创建第一个 Web 应用程序

在 Visual Studio 2012 中,创建 Web 应用程序的步骤如下:

(1) 创建 Web 项目;

(2) 添加网页文件;

(3) 在网页中添加控件;

(4) 网页进行功能编码;

(5) 生成 Web 项目;

(6) 部署 Web 项目。

本节开发学生成绩管理系统的 Web 版,该系统仅实现登录功能,其他功能省略。这里登录功能仅限于学生成绩管理系统的管理员,普通用户的登录功能与管理员的登录功能类似,也略去。

1. 系统需求分析

(1) 系统首页

学生成绩管理系统 Web 版运行的首页显示系统的名称,并显示【管理员登录】、【用户登录】和【退出】的链接。系统首页界面如图 13-9 所示。在系统首页界面中,单击【管理员登录】链接,系统跳转至管理员登录界面;单击【用户登录】链接,系统跳转至用户登录界面;单击【退出】链接,系统关闭。

图 13-9　系统首页界面

(2) 管理员登录

管理员登录界面如图 13-10 所示。输入用户名和密码,单击【确定】按钮,如果用户名和密码相对应,即可进入管理员首页。如果单击【取消】按钮,那么将返回系统首页。

2. 系统设计

启动 Visual Studio 2012,新建 Web 应用程序,名为 ScoreWeb。

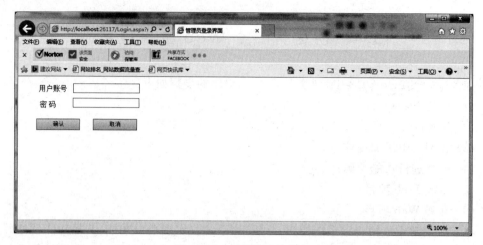

图 13-10　管理员登录界面

（1）数据库设计

学生成绩管理系统 Web 版的数据库 Windows 版均使用的是数据库 ScoreDB，因此数据库的设计这里不涉及。

（2）连接数据库

学生成绩管理系统 Web 版的数据库连接使用的类 ConnectionClass 与 Windows 版的功能相同。具体代码如下：

```
namespace ScoreWeb.App_Code
{
    public class ConnectionClass
    {
        SqlConnection myConnection;
        DataSet myDataSet;
        SqlDataReader myDataReader;
        SqlDataAdapter myAdapter;
        SqlCommand myCommand;
        public static string GetConStr
        {
            get
            {
                return "Data Source=.\\sqlexpress;Integrated Security=True;
                database=ScoreDB";
            }
        }
        public DataSet GetDataSet(string sqlStr, string TableName)
        {
            myConnection=new SqlConnection(GetConStr);
            myAdapter=new SqlDataAdapter(sqlStr, myConnection);
            myDataSet=new DataSet();
```

```
            myConnection.Close();
            myConnection.Open();
            myAdapter.Fill(myDataSet, TableName);
            return myDataSet;
        }
        public SqlDataReader GetDataReader(string sqlStr)
        {
            myConnection=new SqlConnection(GetConStr);
            myCommand=new SqlCommand(sqlStr, myConnection);
            myConnection.Close();
            myConnection.Open();
            myDataReader=myCommand.ExecuteReader();
            return myDataReader;
        }
    }
}
```

（3）系统首页（Default.aspx）

系统首页是学生成绩管理系统 Web 版运行的首页面。单击【管理员登录】链接或【用户登录】链接，将显示登录页面；单击【退出】链接，将关闭系统。

```
<<body>
    <form id="form1" runat="server">
      <div>
        <asp:Label ID="Label1" runat="server" CssClass="auto-style4"
            Text="学生成绩管理系统"></asp:Label>
        <asp:Image ID="Image1" runat="server"  Style="position:fixed; top:
            -39px; left: 15px;" Height="100% " Width="100% " ImageUrl=
            "~/Resource/photo.jpg"/>
        <asp:HyperLink ID="HyperLink1" runat="server" CssClass="auto-
            style2" NavigateUrl="~/Login.aspx? name=管理员">管理员登录
            </asp:HyperLink>
        <asp:HyperLink ID="HyperLink2" runat="server" CssClass="auto-
            style3" NavigateUrl="~/Login.aspx"? name=用户>用户登录</asp:
            HyperLink>
        <asp:HyperLink ID="HyperLink3" runat="server" CssClass="auto-
            style5" NavigateUrl=" javascript:window.close()">退出</asp:
            HyperLink>
      </div>
    </form>
</body>
```

（4）管理员登录（AdminLogin.aspx）

管理员登录和用户登录使用了同样的页面，只是根据系统首页选择的是"管理员登录"还是"用户登录"来区分对于管理员和普通用户的身份验证。如果是"管理员登录"，那么将对管理员表进行查找；如果是"用户登录"，那么将对用户表进行查找。这里略去对普通用户登录的处理，读者可以自行完成。

```csharp
using System;
using System.Collections.Generic;
using System.Web;
using System.Web.UI;
using System.Web.UI.WebControls;
using System.Data;
using System.Data.SqlClient;
using ScoreWeb.App_Code;

public partial class Login : System.Web.UI.Page
{
    private string name;

    protected void Page_Load(object sender, EventArgs e)
    {
        name=Request.QueryString["name"].ToString();
        if(name=="管理员")
            this.Title="管理员登录界面";
    }

    protected void Button1_Click(object sender, EventArgs e)
    {
    SqlConnection mycon;
    mycon=new SqlConnection(ConnectionClass.GetConStr);
    try
    {
        SqlCommand mycommand=mycon.CreateCommand();
        SqlDataReader mydr;
        mycon.Open();
        mycommand.CommandText="select * from Admin where ID=@name and
        Password=@pwd";
        SqlParameter TName=new SqlParameter("@name", SqlDbType
        .NVarChar);
        SqlParameter TPwd=new SqlParameter("@pwd", SqlDbType.NVarChar);
        mycommand.Parameters.Add(TName);
        mycommand.Parameters.Add(TPwd);
        TName.Value=txtID.Text.Trim();
        TPwd.Value=txtPwd.Text.Trim();
        mydr=mycommand.ExecuteReader();
        if(mydr.HasRows)
        {
```

```
        Response.Write("<script>alert('欢迎使用!')</script>");
        Response.Redirect("Admin.aspx");
    }
    else
    {
        Response.Write("<script>alert('用户名和密码不匹配!')</script>");

    }
}
catch(Exception e1)
{
    Response.Write("<script>alert('连接问题! ')</script>");
}
finally
{
    mycon.Close();
}
}
protected void Button2_Click(object sender, EventArgs e)
{
    Response.Redirect("Default.aspx");
}
}
```

13.5　发布 Web 应用程序

发布 Web 应用程序是指将开发的 Web 应用程序发布至 Web 服务器上，供用户使用。发布 Web 应用程序时，Visual Studio 2012 先对 Web 应用程序所包含的 App_Code 文件夹中的页、源代码等进行预编译，将预编译结果存放在可执行输出中，然后将可执行输出复制到指定的位置。预编译过程能发现所有编译错误，并在配置文件中标识错误，还可以使得页的响应速度更快，同时不会将 Web 应用程序的代码发布出去，可以确保 Web 应用程序的安全。

发布 Web 应用程序之前，先检查原始站点的配置，内容包括连接字符串、成员资格设置及其他安全设置等设置，记下需要在已发布网站上更改的所有设置。

在 Visual Studio 2012 中发布 Web 应用程序的步骤如下：

在设计完成的 Visual Studio 2012 项目中，选择【生成】菜单下的【发布】命令，打开【发布 Web】对话框。【发布 Web】对话框有四个选项页，【配置文件】选项页如图 13-11 所示。

【发布 Web】对话框之【配置文件】选项页中，可以选择或导入发布的配置文件。单击【导入】按钮，打开【导入发布设置】对话框，如图 13-12 所示。

如果没有现成的发布配置文件，那么在【发布 Web】对话框之【配置文件】选项页中单

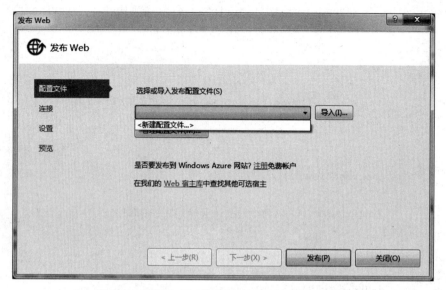

图 13-11   【发布 Web】对话框之【配置文件】选项页

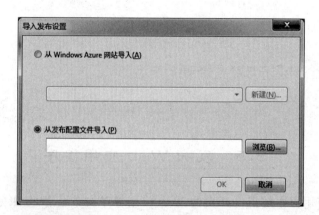

图 13-12   【导入发布设置】对话框

击下拉列表后,选择"新建配置文件",打开【新建配置文件】对话框,如图 13-13 所示。输入配置文件名称后,单击【确定】按钮,返回【发布 Web】对话框。

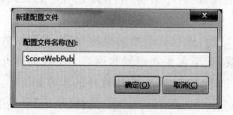

图 13-13   【新建配置文件】对话框

　　【发布 Web】对话框之【连接】选项页如图 13-14 所示,可以设置发布的方法选择或导入发布的配置文件。发布的方法包括 Web Deploy、Web Deploy 包、FTP、文件系统和

FPSE。如果使用 Web Deploy 或 FTP,需要设置服务器、站点名称、用户名、密码和目标 URL;如果使用 Web Deploy 包,需要设置 Web Deploy 程序包的位置和站点名称;如果使用文件系统,需要设置目标文件夹;如果使用 FPSE,需要设置目标位置和目标 URL。这里选择文件系统。

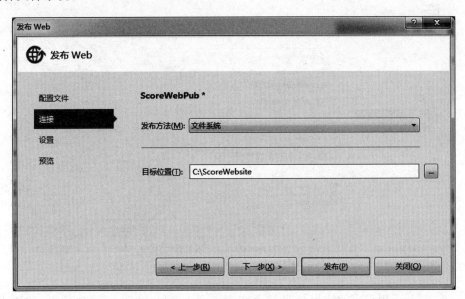

图 13-14　【发布 Web】对话框之【连接】选项页

　　【发布 Web】对话框之【设置】选项页如图 13-15 所示,可以设置 Web 应用程序的发布版本和文件发布选项。注意这里的配置可以设为"Debug"或"Release",在发布时应该设为"Release"。

图 13-15　【发布 Web】对话框之【设置】选项页

【发布 Web】对话框之【预览】选项页如图 13-16 所示，显示发布 Web 应用程序的所有配置。如果配置无误，单击【发布】按钮，完成发布 Web 应用程序的操作。

图 13-16　【发布 Web】对话框之【预览】选项页

发布 Web 应用程序的输出信息显示在 Visual Studio 2012 的输出栏中，如图 13-17 所示。

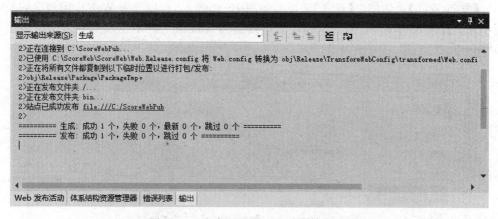

图 13-17　发布 Web 应用程序输出信息

Web 应用程序发布后，还需要在 IIS 管理器中添加网站，并完成网站的相关配置。

IIS 管理器中配置虚拟目录的步骤如下：

在 IIS 管理器中，展开本地计算机，右击【网站】文件夹，单击【添加网站】菜单项，打开【添加网站】对话框，界面如图 13-18 所示。

在【添加网站】对话框中，填写网站名称、物理路径、绑定类型、IP 地址、端口和主机名。IIS 管理器中添加的网站所使用的端口号务必相互不重复。设置完毕，单击【确定】

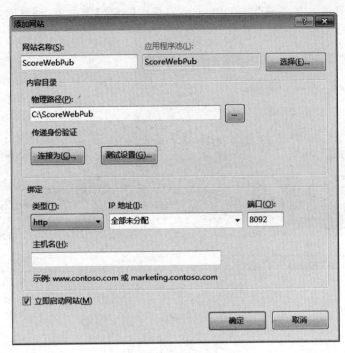

图 13-18　【添加网站】对话框

按钮,完成添加网站的操作。

展开所添加的网站,切换至内容视图,可以查看所发布的网站,界面如图 13-19 所示。

图 13-19　网站内容视图界面

在内容视图界面中,右击"Default. aspx",单击【浏览】菜单项,浏览网站主页,界面如图 13-20 所示。

图 13-20   发布的网站主页

本 章 小 结

ASP. NET 是. NET Framework 的一个组成部分,是一个统一的 Web 开发模型,用于开发 Web 应用程序。ASP. NET Web 应用程序的主要特点包括采用了面向对象模型,事件驱动,. NET Framework 公共语言运行时的支持。

IIS 是由微软公司提供的基于运行 Microsoft Windows 的互联网基本服务,是基于互联网的文件和应用程序服务器。

ASP. NET 网页是 ASP. NET 控件的容器。ASP. NET 网页中的控件分为 HTML 服务器控件和 Web 服务器控件两类。HTML 服务器控件是对服务器公开的 HTML 元素,可对其进行编程。Web 服务器控件比 HTML 服务器控件具有更多内置功能。

在 Visual Studio 2012 中,创建 Web 应用程序的步骤包括:创建 Web 项目;添加网页文件;在网页中添加控件;对网页进行功能编码;生成 Web 项目;部署 Web 项目。

发布 Web 应用程序是指将开发的 Web 应用程序发布至 Web 服务器上,供用户使用。Web 应用程序发布后,还需要在 IIS 管理器中添加网站,并完成网站的相关配置。

习   题

填空题

1. ASP. NET 网页是＿＿＿＿控件的容器。ASP. NET 网页中的控件分为＿＿＿＿控件和＿＿＿＿控件两类。＿＿＿＿控件是对服务器公开的 HTML 元素,可对其进行编程。＿＿＿＿控件比＿＿＿＿控件具有更多内置功能。

2. 在 Visual Studio 2012 中，创建 Web 应用程序的步骤包括：_____；_____；

_____；_____；_____；_____。

选择题

发布 Web 应用程序是指将开发的 Web 应用程序发布至 Web 服务器上，供用户使用。Web 应用程序发布后，还需要在(　　)中添加网站，并完成网站的相关配置。

A. IIS 管理器　　　　B. Visual Studio　　　　C. 桌面　　　　D. 浏览器

操作题

练习创建 Web 版学生成绩管理系统。

简答题

1. 简要介绍 ASP.NET 及其特点。

2. 什么是 IIS?

第14章 其他技术

本章要点

➢ GDI+绘图。
➢ 文件与流。

学习目标

• 掌握 GDI+技术的作用。
• 掌握 Graphics 类的作用和创建方法。
• 掌握 Pen 类的作用和创建方法。
• 掌握 Brush 类的作用和创建方法。
• 掌握 Font 类的作用和创建方法。
• 了解流的概念。
• 了解 System. IO 命名空间。
• 掌握 File 类的使用。
• 掌握 FileInfo 类的使用。
• 掌握 Directory 类的使用。
• 掌握 DirectoryInfo 类的使用。
• 掌握 FileStream 类的使用。
• 掌握 StreamReader 类的使用。
• 掌握 StreamWriter 类的使用。

14.1 GDI+绘图

14.1.1 GDI+简介

GDI(Graphics Device Interface),含义是图形设备接口,主要作用是在 Windows 程序中完成屏幕显示和打印输出。在 Windows 程序中,往往要在屏幕、打印机及其他输出设备上输出图形或文本。GDI 的出现使应用程序的输出与硬件设备及设备驱动无关,大大简化了程序员的开发工作。

GDI 使用了一个名为设备描述表的数据结构,用于存储输出设备的属性信息和绘图信息,视频设备的设备描述表与屏幕的显示窗口有关。在 GDI 中,所有与绘图有关的绘图对象(如笔、字体)必须选入指定设备描述表中,才能被指定的设备描述表所使用。在输出图形或文本时,先获得一个设备描述表句柄,然后在绘制图形时将该句柄作为一个参数传递给 GDI 图形绘制函数,或传递给获得或设置设备描述表有关属性的函数。

GDI+是 Windows XP 中的一个子系统,是 GDI 的升级版。GDI+在以往 Windows 版本中 GDI 中加以优化,并添加了新的功能,如渐变画刷、基数样条函数、持久路径对象、变形矩阵对象、可伸缩区域、颜色混合、多种图像格式等等。GDI+已完全替代 GDI,目前是在 Windows 窗体应用程序中以编程方式呈现图形的唯一方法。

GDI+函数不使用句柄或者设备描述表,图形对象(Graphics)对象是 GDI+的核心,与屏幕的显示窗口有关,包含着与项目重绘有关的属性信息,但不与绘图对象(如笔、字体等)关联。而在 GDI+中,先创建图形对象,然后将绘图对象作为一个参数传递给该图形对象调用即可。每一个图形对象通过参数使用多种绘图对象,而不是与特定的绘图对象相关联。

Graphics 对象在创建后,可用于画线条和形状、呈现文本或显示与操作图像。与 Graphics 对象一起使用的绘画对象包括 Pen 类、Brush 类、Font 类和 Color 类。Pen 类用于画线条、勾勒形状轮廓或呈现其他几何表示形式,Brush 类用于填充图形区域,Font 类设置文本显示,Color 类表示要显示的不同颜色。

14.1.2 Graphics 类

使用 GDI+完成屏幕显示和打印输出,必须先创建 Graphics 对象。Graphics 对象表示 GDI+绘图表面,是用于创建图形图像的对象。

Graphics 图形对象的创建方法分为三类:

(1) 接收对图形对象的引用,该对象为窗体或控件的 Paint 事件中 PaintEventArgs 的一部分。如果需要为控件创建绘制代码,可以使用该方法来获取对图形对象的引用。

(2) 调用某控件或窗体的 CreateGraphics 方法来获取对 Graphics 对象的引用,该对象表示该控件或窗体的绘图表面。如果需要在已存在的窗体或控件上绘图,可以使用该方法。

(3) 从 Image 类派生的对象创建 Graphics 对象。如果需要更改已存在的图像时,可以使用该方法。

【实例 14-1】 获取对 Paint 事件的 PaintEventArgs 中 Graphics 对象的代码示例如下:

```
private void Form1_Paint(object sender, System.Windows.Forms.PaintEventArgs
pe)
{
    Graphics g=pe.Graphics;
    …
}
```

【实例 14-2】 使用某控件或窗体的 CreateGraphics 方法来获取 Graphics 对象的引用的代码示例如下:

```
…
g=this.CreateGraphics();
…
```

【实例 14-3】 从 Image 类派生的对象调用 Graphics. FromImage 方法来创建 Graphics 对象的代码示例如下：

```
…
Bitmap myBitmap=new Bitmap(@"C:\test.bmp");
Graphics g=Graphics.FromImage(myBitmap);
…
```

14.1.3　Pen 类

Pen 类，即 GDI＋的笔，用于画直线、曲线以及形状。创建笔后，可以修改笔的属性来调整笔的使用效果。常用的笔属性包括：

- Color：笔的颜色。
- DashStyle：虚线样式。
- EndCap：直线终点的线帽样式。
- StartCap：直线起点的线帽样式。
- Width：笔的宽度。

【实例 14-4】 创建默认设置的黑笔。

```
Pen myPen=new Pen(Color.Black);
```

【实例 14-5】 创建宽度为 5 的黑笔。

```
Pen myPen=new Pen(Color.Black, 5);
```

【实例 14-6】 根据已创建的红色画笔来创建笔。

```
SolidBrush myBrush=new SolidBrush(Color.Red);
Pen myPen=new Pen(myBrush);
```

14.1.4　Brush 类

Brush 类，即画笔，用于填充实心形状和呈现文本的对象。
画笔的类型如下：

- SolidBrush：画笔的基础形式，显示为纯色填充制。
- HatchBrush：和 SolidBrush 相似，但显示为预设的图案来填充，而不是纯色。
- TextureBrush：显示为纹理（如图像）来填充。
- LinearGradientBrush：显示为两种颜色的渐变填充。
- PathGradientBrush：基于开发人员定义的唯一路径，使用复杂的混合色渐变进行绘制，底纹和着色选项较为复杂。

【实例 14-7】 创建默认设置的黑色画笔。

```
Graphics g=this.CreateGraphics();
SolidBrush myBrush=new SolidBrush(Color.Black);
```

【实例 14-8】 创建一个 HatchBrush 画笔,填充图案是方格呢,使用红色作为前景色,黑色作为背景色。

```
System.Drawing.Drawing2D.HatchBrush aHatchBrush=
new System.Drawing.Drawing2D.HatchBrush(
System.Drawing. Drawing2D.HatchStyle.Plaid, Color.Red, Color.Blue);
```

【实例 14-9】 创建一个 TextureBrush 画笔,填充图案是图像 myBitmap。

```
TextureBrush myBrush=new TextureBrush(new Bitmap(@"C:\myBitmap.bmp "));
```

【实例 14-10】 创建一个 LinearGradientBrush 画笔,填充图案是红黑渐变色。

```
Graphics g=this.CreateGraphics();
System.Drawing.Drawing2D.LinearGradientBrush myBrush=new
    System.Drawing.Drawing2D.LinearGradientBrush(ClientRectangle,
    Color.Red, Color.Black, System.Drawing.Drawing2D.
    LinearGradientMode.Vertical);
```

14.1.5 Font 类

Font 类,即文本格式,是指显示或输出文本的特定格式,包括文本的字体、字号和字形。

使用 GDI+显示和输出文本,需要一个画笔和一个文本设置,画笔决定文本的填充图案,文本设置决定文本的显示或输出格式。

【实例 14-11】 创建一个文本格式 myFont,字体是 Times New Roman,字号是 24。

```
Font myFont=new Font("Times New Roman", 24);
```

14.1.6 GDI+绘图示例

GDI+用笔绘图的步骤如下:
- 获取对将用于绘图的图形对象的引用。
- 创建将用于绘制线条的笔的实例。
- 设置笔的属性。
- 调用绘制形状的方法。

常用的绘制形状的方法如下:
- 画线条:Graphics. DrawLine(起点 X 坐标,起点 Y 坐标,终点 X 坐标,终点 Y 坐标)。
- 画椭圆或圆形:Graphics. DrawEllipse(椭圆或圆形的外接矩形对象)。

- 画矩形：Graphics. DrawRectangle(矩形对象)。
- 画多边形：Graphics. DrawPolygon(多边形点 1 坐标，多边形点 2 坐标，……多边形点 n 坐标)。

【实例 14-12】　用宽度为 5 的黑笔绘制直线、椭圆和多边形。

```
private void Form1_Paint(object sender, PaintEventArgs e)
{
    Graphics g=e.Graphics;
    Pen myPen=new Pen(Color.Black);
    myPen.Width=5;
    g.DrawLine(myPen, 10, 10, 45, 65);
    g.DrawEllipse(myPen, new Rectangle(53, 95, 80, 80));
    g.DrawPolygon(myPen, new PointF[] {new PointF(50, 10),
    new PointF(60, 30), new PointF(90, 50), new PointF(100, 70),
      new PointF(200, 60), new PointF(50, 10)});
}
```

运行结果如图 14-1 所示。

图 14-1　【实例 14-12】运行效果

GDI+用画笔填充图形的步骤如下：
- 获取对将用于绘图的图形对象的引用。
- 创建将用于填充图形的画笔的实例。
- 调用填充图形的方法。

常用的填充图形的方法如下：
- 填充多边形：graphics. FillPolygon(画笔，多边形对象)。
- 填充矩形：graphics. FillRectangle(画笔，矩形对象)。
- 填充饼图：graphics. FillPie(画笔，饼图外接矩形对象，起始角度，结束角度)。

【实例 14-13】　用黑色画笔填充直线、椭圆和多边形。

```
private void Form1_Paint(object sender, PaintEventArgs e)
{
    Graphics g=e.Graphics;
    SolidBrush myBrush=new SolidBrush(Color.Black);
    g.FillPolygon(myBrush, new PointF[] {new PointF(50, 10), PointF(60, 30),
    new PointF(90, 50), new PointF(100, 70), new PointF(200, 60), new PointF(50,
10)});
    g.FillRectangle(myBrush, new RectangleF(50, 100, 100, 50));
    g.FillPie(myBrush, new Rectangle(50, 120, 100, 120), 0, 90);
}
```

运行结果如图 14-2 所示。

GDI+绘制文本的步骤如下：

- 获取对将用于绘图的图形对象的引用。
- 创建用于绘制文本的画笔实例。
- 创建文本显示或输出的格式。
- 调用 Graphics 对象的 Graphics.DrawString 方法来呈现文本。如果提供 RectangleF 对象，则文本将在矩形中换行，否则文本将从所给定的起始坐标处开始。

【实例 14-14】　用黑色画笔填充直线、椭圆和多边形。

```
private void Form1_Paint(object sender, PaintEventArgs e)
{
    Graphics g=e.Graphics;
    System.Drawing.SolidBrush myBrush=new SolidBrush(Color.Black);
    Font myFont=new Font("Times New Roman", 24);
    g.DrawString("一直走下去!", myFont, myBrush, 10, 10);
    g.DrawString("向左拐弯!", myFont, myBrush, new RectangleF(10, 100, 100,
200));
}
```

运行结果如图 14-3 所示。

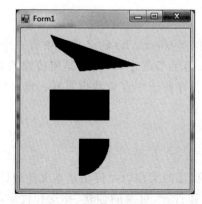

图 14-2　【实例 14-13】运行效果　　　　图 14-3　【实例 14-14】运行效果

GDI＋显示图像的步骤如下：

- 创建一个对象，该对象表示要显示的图像。该对象必须是从 Image 继承的类的成员。
- 创建一个 Graphics 对象，表示要使用的绘图表面。
- 调用图形对象的 Graphics.DrawImage 方法来呈现图像。

【实例 14-15】　用黑色画笔填充直线、椭圆和多边形。

```
private void Form1_Paint(object sender, PaintEventArgs e)
{
    Bitmap myBitmap=new Bitmap(@"E:\C# \14-15\14-15\mybitmap.bmp");
    Graphics g=e.Graphics;
    g.DrawImage(myBitmap, 10, 10);
}
```

运行结果如图 14-4 所示。

图 14-4　【实例 14-15】运行效果

14.2　文 件 与 流

14.2.1　流

流是一个用于传输数据的对象。Visual C♯ 的 Systerm.IO 命名空间中有一个名为 Stream 的类，是 C♯ 中流的基础。Stream 类是一组字节的序列，内容是所传输的数据。流通常有两个方向，程序从流中取数据是读取流，程序向流中存放数据是写入流。Visual C♯ 中涉及的流内容的来源包括缓冲层、内存和文件。

14.2.2　System.IO 命名空间

System.IO 命名空间包含允许读写文件和数据流的类型以及提供基本文件和目录支持的类型，具体包括文件的创建、复制、删除、移动和打开，目录的创建、移动和枚举，目录和驱动器信息管理,字符串的读写,二进制值的读写,缓冲层到流的读写,读写异常管理等等。System. IO 命名空间中的常用类包括 File 类、FileInfo 类、Directory 类、DirectoryInfo 类、Stream 类、StreamReader 类和 StreamWriter 类。

14.2.3　File 类

File 类提供用于创建、复制、删除、移动和打开文件的静态方法,并协助创建FileStream 对象。

File 类常用的方法有:

- Create：在指定目录中创建或覆盖指定的文件。
- Copy：将现有文件复制到新文件。
- Move：移动指定文件的位置。
- Delete：删除指定的文件。
- Exists：确认指定的文件是否存在。
- OpenRead：打开现有文件读取。
- OpenText：打开现有 UTF-8 编码文本文件。
- OpenWrite：打开或创建文件写入。
- ReadAllBytes：将文件内容读入一个字符串。
- ReadAllLines：读取文件的所有行。
- ReadAllText：读取文件的所有行。
- ReadLines：读取文件的一行。
- WriteAllBytes：向文件写入字节数组。
- WriteAllLines：向文件写入字符串数组。
- WriteAllText：向文件写入字符串。

【实例 14-16】　创建文件"MyTest. txt",打开该文件,写入字符串"示例 14-16 文本文件。",再次打开该文件并显示文件内容。

```
static void Main(string[] args)
{
    string path=@" MyTest.txt";
    try
    {
        if(File.Exists(path))
        {
            File.Delete(path);
        }
        using(FileStream fs=File.Create(path))
        {
        Byte[] info=new UTF8Encoding(true).GetBytes("示例 14-16 文本文件。");
            fs.Write(info, 0, info.Length);
        }
```

```
        using(StreamReader sr=File.OpenText(path))
        {
            string s="";
            while((s=sr.ReadLine()) !=null)
            {
                Console.WriteLine(s);
            }
        }
    }
    catch(Exception Ex)
    {
        Console.WriteLine(Ex.ToString());
    }
    Console.ReadLine();
}
```

运行结果显示如下：

示例 14-16 文本文件。

14.2.4   FileInfo 类

FileInfo 类提供创建、复制、删除、移动和打开文件的属性和实例方法，并且帮助创建 FileStream 对象。

FileInfo 类常用的方法有：

* Create：在指定目录中创建文件。
* CreateText：创建 StreamWriter，用于写入文件。
* CopyTo：将现有文件复制到新文件。
* MoveTo：移动指定文件的位置。
* Delete：永久删除文件。
* OpenRead：创建只读的 FileStream。
* OpenText：创建使用 UTF-8 编码的 FileStream。
* OpenWrite：创建只写的 FileStream。

FileInfo 类常用的属性有：

* Directory：获取父目录的实例。
* DirectoryName：获取表示目录的完整目录的字符串。
* Exists：判断指定文件是否存在。
* IsReadOnly：判断或设置文件是否只读。
* Length：获取当前文件的字节数。
* Name：获取文件名。

【实例 14-17】   创建文件"MyTest. txt"，打开该文件，写入字符串"示例 14-17 文本文件。"，再次打开该文件并显示文件内容。

```
static void Main(string[] args)
{
    string path=@"MyTest.txt";
    FileInfo fi1=new FileInfo(path);
    using(StreamWriter sw=fi1.CreateText())
    {
        sw.WriteLine("开始");
        sw.WriteLine("示例 14-17 文本文件");
        sw.WriteLine("结束");
    }
    using(StreamReader sr=fi1.OpenText())
    {
        string s="";
        while((s=sr.ReadLine()) !=null)
        {
            Console.WriteLine(s);
        }
    }
    try
    {
        string path2=@"MyTest1.txt";
        FileInfo fi2=new FileInfo(path2);
        fi2.Delete();
            fi1.CopyTo(path2);
        Console.WriteLine("文件{0}复制至文件{1}。", path, path2);
        fi2.Delete();
        Console.WriteLine("文件{0}被删除。", path2);
    }
    catch(Exception e)
    {
        Console.WriteLine("The process failed: {0}", e.ToString());
    }
    Console.ReadLine();
}
```

运行结果显示如下：

开始

示例 14-17 文本文件。

结束

文件 MyTest.txt 复制至文件 MyTest1.txt。

文件 MyTest1.txt 被删除。

14.2.5　Directory 类

• Directory 类提供创建、移动目录和显示目录信息的静态方法。

- Directory 类常用的方法有：
- CreateDirectory：在指定目录创建目录和子目录。
- Move：将文件或目录移动位置。
- Delete：删除指定目录。
- Exists：判断目录是否存在。
- GetCurrentDirectory：返回应用程序的工作目录。
- GetFiles：返回指定目录中的文件名称。
- GetLogicalDrives：返回计算机上的逻辑驱动器的名称。
- GetParent：返回指定路径的父目录。

【**实例 14-18**】 创建文件"..\MyTest.txt"，打开该文件，写入字符串"示例 14-18 文本文件。"，将文件移动至当前目录中，打开该文件并显示文件内容。

```csharp
static void Main(string[] args)
{
    string path=@ "..\MyTest.txt";
    string path2=@ "MyTest.txt";
    if(File.Exists(path))
    {
        File.Delete(path);
    }
    if(File.Exists(path2))
    {
        File.Delete(path2);
    }
    using(FileStream fs=File.Create(path))
    {
      Byte[] info=new UTF8Encoding(true).GetBytes("示例 14-18 文本文件。");
        fs.Write(info, 0, info.Length);
    }
    try
    {
        Directory.Move(path, path2);
        Console.WriteLine("文件{0}被移动为文件{1}。",path,path2);
        using(StreamReader sr=File.OpenText(path2))
        {
          string s="";
            while((s=sr.ReadLine()) !=null)
            {
              Console.WriteLine(s);
            }
        }
    }
    catch(Exception e)
```

```
    {
        Console.WriteLine(e.Message);
    }
    Console.ReadLine();
}
```

运行结果显示如下：

文件..\MyTest.txt 被移动为文件 MyTest.txt。

示例 14-18 文本文件。

14.2.6 DirectoryInfo 类

DirectoryInfo 类提供用于创建、移动和遍历目录和子目录的实例方法。

DirectoryInfo 类常用的方法有：

- Create：创建目录。
- MoveTo：移动目录及其中所有内容。
- Delete：删除目录。

DirectoryInfo 类常用的属性有：

- Exists：判断目录是否存在。
- Name：返回目录名称。
- Parent：返回当前目录的父目录名称。
- Root：返回根目录名称。

【**实例 14-19**】 创建目录"C:\MyDir"，如果该目录存在就删除重建。

```
static void Main(string[] args)
{
    DirectoryInfo di=new DirectoryInfo(@"C:\MyDir");
    try
    {
        if(di.Exists)
        {
            Console.WriteLine("该目录已存在。");
            di.Delete();
            Console.WriteLine("该目录已被删除。");
        }
        else
            Console.WriteLine("该目录不存在。");
        di.Create();
        Console.WriteLine("该目录已创建。");
    }
    catch(Exception e)
    {
        Console.WriteLine("The process failed: {0}", e.ToString());
```

```
        }
        finally{ }
        Console.ReadLine();
    }
```

运行结果显示如下：

该目录已存在。

该目录已被删除。

该目录已创建。

14.2.7 FileStream 类

FileStream 类用于文件读写，既支持同步读写操作，也支持异步读写操作。

- FileStream 类常用的方法有：
- BeginRead：开始异步读操作。
- BeginWrite：开始异步写操作。
- EndRead：等候挂起的异步读操作完成。
- EndWrite：结束异步写操作。
- Read：读取流中字节块并写入指定缓冲区。
- Write：将字节块写入文件流。
- Seek：设置流的当前位置。

FileStream 类常用的属性有：

- CanRead：返回当前流是否支持读取。
- CanSeek：返回当前流是否支持查找。
- CanWrite：返回当前流是否支持写入。
- IsAsync：返回 FileStream 是异步还是同步。
- Length：返回流的字节长度。
- Name：返回 FileStream 的名称。
- Position：返回或设置流的当前位置。
- SafeFileHandle：获取当前 FileStream 对象所封装的文件的操作系统文件句柄。

【实例 14-20】 创建文件"MyTest.txt"，打开该文件，两次写入字符串"示例 14-20 文本文件。"，打开该文件并显示文件内容。

```
static void Main(string[] args)
{
    string path=@ "MyTest.txt";
    if(File.Exists(path))
    {
        File.Delete(path);
    }
    using(FileStream fs=File.Create(path))
    {
```

```
        Byte[] info=new UTF8Encoding(true).GetBytes("示例 14-20 文本文件。\n");
    fs.Write(info, 0, info.Length);
    fs.Write(info, 0, info.Length);
    }
    using(FileStream fs=File.OpenRead(path))
    {
        byte[] b=new byte[1024];
        UTF8Encoding temp=new UTF8Encoding(true);
        while(fs.Read(b, 0, b.Length)>0)
        {
            Console.WriteLine(temp.GetString(b));
        }
    }
    Console.ReadLine();
}
```

运行结果显示如下：

示例 14-20 文本文件。

示例 14-20 文本文件。

14.2.8　StreamWriter 类

StreamReader 类以特定的编码向字节流中写入字符。

StreamWriter 类常用的方法有：

- Write：将数据写入文本字符串或流。
- WriteLine：将带有行结束符的字符串写入文本字符串或流。

14.2.9　StreamReader 类

StreamReader 类以特定的编码从字节流中读取字符。

StreamReader 类常用的方法有：

- Read：读取输入流中的下一个字符。
- ReadBlock：读取当前流中的字符块并写入缓冲区。
- ReadLine：读取当前流中的一行。
- ReadToEnd：读取当前流中从当前位置至结尾的所有字符。

【实例 14-21】　将 C 盘根目录下的所有一级目录写入文件"MyDir.txt"，打开该文件并显示文件内容。

```
static void Main(string[] args)
{
    DirectoryInfo[] cDirs=new DirectoryInfo(@"C:\").GetDirectories();
    using(StreamWriter sw=new StreamWriter("MyDir.txt"))
    {
        foreach(DirectoryInfo dir in cDirs)
```

```
            {
                sw.WriteLine(dir.Name);
            }
        }
        string line="";
        using(StreamReader sr=new StreamReader("MyDir.txt"))
        {
          while((line=sr.ReadLine()) !=null)
          {
              Console.WriteLine(line);
          }
      }
  Console.ReadLine();
}
```

运行结果显示如下：

```
Documents and Settings
Inetpub
Intel
...
```

本 章 小 结

　　GDI(Graphics Device Interface)，含义是图形设备接口，主要作用是在 Windows 程序中完成屏幕显示和打印输出。GDI＋是 Windows XP 中的一个子系统，是 GDI 的升级版。使用 GDI＋完成屏幕显示和打印输出，必须先创建 Graphics 对象。与 Graphics 对象一起使用的绘画对象包括 Pen 类、Brush 类、Font 类和 Color 类。Pen 类用于画线条、勾勒形状轮廓或呈现其他几何表示形式，Brush 类用于填充图形区域，Font 类设置文本显示，Color 类表示要显示的不同颜色。

　　使用流可以完成程序与文件、内存、缓存之间的数据传输。Visual C♯ 的流处理及文件和目录的类存放在 System.IO 命名空间里。System.IO 命名空间中的常用类包括 File 类、FileInfo 类、Directory 类、DirectoryInfo 类、Stream 类、StreamReader 类和 StreamWriter 类。File 类和 FileInfo 类用于创建、复制、删除、移动和打开文件，Directory 类和 DirectoryInfo 类用于创建、移动和遍历目录，FileStream 类用于文件读写，StreamReader 类和 StreamWriter 类分别用于将数据读出和写入。

习　　题

填空题

1. GDI 含义是＿＿＿＿，主要作用是在 Windows 程序中完成＿＿＿＿和＿＿＿＿。

使用 GDI＋必须先创建_____。

2. 使用流可以完成程序与文件、内存、缓存之间的数据传输。Visual C♯ 的流处理及文件和目录的类存放在_____命名空间里。

选择题

1. (　　)用于画线条、勾勒形状轮廓或呈现其他几何表示形式。
　　A. Pen 类　　　　B. Brush 类　　　C. Font 类　　　D. Color 类

2. (　　)用于填充图形区域。
　　A. Pen 类　　　　B. Brush 类　　　C. Font 类　　　D. Color 类

3. (　　)设置文本显示。
　　A. Pen 类　　　　B. Brush 类　　　C. Font 类　　　D. Color 类

4. (　　)提供用于创建、复制、删除、移动和打开文件的静态方法，并协助创建 FileStream 对象。
　　A. File 类　　　　　　　　　　B. FileInfo 类
　　C. Directory 类　　　　　　　D. DirectoryInfo 类

5. (　　)提供创建、复制、删除、移动和打开文件的属性和实例方法，并且帮助创建 FileStream 对象。
　　A. File 类　　　　　　　　　　B. FileInfo 类
　　C. Directory 类　　　　　　　D. DirectoryInfo 类

6. (　　)提供创建、移动目录和显示目录信息的静态方法。
　　A. File 类　　　　　　　　　　B. FileInfo 类
　　C. Directory 类　　　　　　　D. DirectoryInfo 类

7. (　　)提供用于创建、移动和遍历目录和子目录的实例方法。
　　A. File 类　　　　　　　　　　B. FileInfo 类
　　C. Directory 类　　　　　　　D. DirectoryInfo 类

操作题

1. 创建 Windows 窗体，在窗体中显示长度为 50 的水平线段、长度为 50 的垂直线段、边长为 50 的正方形、直径为 50 的圆、直径为 50 的 90 度弧。

2. 编写一个控制台应用程序，分别用 Directory 类和 DirectoryInfo 类来创建"C：\Test1"和"C：\Test2"。

3. 编写一个控制台应用程序，分别用 File 类和 FileInfo 类来创建文件"Test1.txt"和"Test2.txt"，文件的内容分别是"Test1.txt"和"Test2.txt"，分别打开两个文件并显示其内容。

简答题

1. Graphics 图形对象的创建方法有哪三类？
2. GDI＋用笔绘图的步骤是什么？

附录　习题参考答案

第 1 章

填空题

1. 公共语言运行库　．NET Framework 基本类库
2. 解决方案资源管理器

选择题

1. D　2. B

操作题

（略）

简答题

1. ．NET 是一个运行时平台，CLR 是．NET 框架的底层。C♯是．NET 的核心开发语言。

2. 简单性(无指针)；现代性(异常处理跨语言)；面向对象(封装，继承和多态)；类型安全性；版本处理技术；兼容性；灵活性。

第 2 章

填空题

1. 简单类型　枚举类型　结构类型
2. While　do-while　for

选择题

1. B　2. A　3. C　4. B　5. D

操作题

a＝1，b＝0

简答题

类是对象的抽象描述和概括，例如：车是一个类，自行车、汽车、火车也是类，但是自行车、汽车、火车都属于车这个类的子类，因为它们有共同的特点就是都是交通工具，都有轮子，都可以运输。而汽车有颜色、车轮、车门、发动机等特征，这是和自行车、火车所不同

的地方,是汽车类自己的属性,也是所有汽车共同的属性,所以汽车也是一个类,而具体到某一辆汽车,它有具体的颜色、车轮、车门、发动机等属性值,因此某辆汽车就是一个对象。

类是抽象的概念,对象是具体的概念。假设软件中的按钮是一个类,按钮类具有长度、宽度、位置、颜色等属性,具有单击、双击、移动等行为,当所设计的一个具体的按钮具有特定的长度、宽度、位置、颜色等属性值,具有单击、双击、移动时所发生的具体行为,那么这时就构成了一个按钮对象。

第 4 章

填空题

1. Form Label LinkLabel TextBox
2. 启动窗体

选择题

1. A 2. D 3. C 4. B 5. B 6. C 7. C 8. B 9. D 10. ①B ②A

操作题

略

简答题

在多窗体中,一个主窗体是可以包含一个或多个子窗体的窗体,主窗体称为 MDI 父窗体,子窗体称为 MDI 子窗体。父窗体类似容器,子窗体在父窗体中显示,无法移出主窗体,关闭子窗体不会影响父窗体,关闭父窗体会将其中打开的子窗体全部关闭。

第 5 章

填空题

1. Connection Command DataAdapter DataReader DataSet
2. Update Delete 行数
3. DataReader
4. 只进 只读
5. Open Close
6. DataTable

选择题

1. D 2. B 3. C 4. C 5. A 6. A 7. B

操作题

(略)

简答题

1. "data source=.;database=test;uid=sa;pwd=123"
2. 8-4-10-9-5-6-1-7-2-3

第 6 章

填空题

1. ToolStripStatusLabel
2. 毫秒

选择题

1. A 2. D 3. B 4. A 5. B

操作题

（略）

简答题

1. 工具栏一般是由多个按钮、标签组成的，通过这些项可以快速地执行程序提供的一些常用命令，比使用菜单选择更加方便快捷。工具栏按钮与菜单项绑定的方法：设置工具栏按钮的 Click 事件，在其选项中选择对应菜单项的 Click 事件方法。

2. Timer 控件可以定期引发事件，时间间隔的长度由其 Interval 属性定义，其属性值为以毫秒为单位。若启用了该控件，则每个时间间隔引发一次 Tick 事件。

第 7 章

填空题

1. Exception
2. FormatException
3. Trim
4. ToLower

选择题

1. A 2. A 3. C 4. D 5. C 6. B

操作题

（略）

简答题

```
1. int i;
   int[] a=new int[10];
   for(i=0; i<10; i++)
   {
       Console.Write("请输入一个数：");
       a[i]=int.Parse(Console.ReadLine());
   }
   Console.WriteLine();
   for(i=9; i>=0; i--)
```

```
    {
        Console.Write("{0}  ", a[i]);
    }
    Console.WriteLine();
```

2.
```
    string s;
    int n1=0,n2=0;
    Console.WriteLine("请输入一个字符串");
    s=Console.ReadLine();
    foreach(char c in s)
    {
        if(c>='A' && c<='Z')
            n1++;
        else if(c>='a' && c<='z')
            n2++;
        else
            continue;
    }
    Console.WriteLine("大写字母有{0}个,小写字母有{1}个",n1,n2);
```

第 8 章

填空题

1. DataSet
2. Checked

选择题

1. C　2. A　3. B　4. C　5. A　6. B

操作题

（略）

简答题

1. 若单选钮直接拖放在窗体中,单选钮各自为一组,可以同时被选中。单选钮分组使用 GroupBox 控件,GroupBox 控件中的单选钮为一组,也可以设置单选钮的 GroupName 属性。

2. DataSet 对象是 ADO.NET 的核心成员,它支持 ADO.NET 断开式、分布式数据的核心对象,也是实现基于非连接的数据查询的核心组件。DataSet 对象可以看做是一个数据库容器,他将数据库中的数据复制了一份放在了用户本地的内存中,供用户在不连接数据库的情况下读取数据。

第 9 章

填空题

1. cell　band

2. Text

3. CommandType StoredProcedure

操作题

（略）

第 10 章

操作题

（略）

简答题

1. DataGridView1. ReadOnly＝true;

2. DataGridView1. Columns[n]. ReadOnly＝true;

3. DataGridView1 [m,n]. ReadOnly＝true;

4. DataGridView1. ColumnHeadersVisible＝true;

5. DataGridView1. Columns[0]. HeaderText＝"姓名";

6. DataGridView1. Column[0]. Visible＝false;

7. DataGridView1. Rows[1]. Cells[1]. Value. ToString();

第 11 章

操作题

（略）

简答题

（1）指定 SQL 语句的类型为存储过程 CommandType. StoredProcedure;。

（2）指定调用的存储过程的名称。

（3）定义存储过程的参数 Parameters. Add（"@ StudentID"，SqlDbType. NVarChar）;。

（4）给该参数赋值。

（5）执行存储过程。

第 12 章

填空题

1. ClickOnce   Windows Installer

2. 发布向导   安装项目   安装程序包

选择题

1. A   2. B

操作题

操作步骤详见 12.3。

简答题

1. 部署(打包)是指将已完成的计算机程序或组件安装到其他计算机的过程。在进行部署操作时,先将所编写的程序编译成可执行文件或 Web 上可部署的文件,然后制作成可以脱离编译环境的安装文件,再到其他计算机上完成安装操作。

2. ClickOnce 部署以单个用户为基础安装应用程序,大大简化了安装和更新应用程序的过程,但不能满足复杂配置的需求。Windows Installer 部署不仅能以单个用户为基础安装,还能以每台计算机为基础来安装。ClickOnce 部署的操作更简便,Windows Installer 的适应性更强。

第　13　章

填空题

1. ASP. NET、HTML 服务器、Web 服务器、HTML 服务器、Web 服务器、HTML

2. 创建 Web 项目、添加网页文件、在网页中添加控件、对网页进行功能编码、生成 Web 项目、部署 Web 项目

选择题

A

操作题

操作步骤详见 13.4,可自行扩充系统功能。

简答题

1. ASP. NET 是.NET Framework 的一个组成部分,是一个统一的 Web 开发模型,用于开发 Web 应用程序。ASP. NET Web 应用程序的主要特点包括采用了面向对象模型,事件驱动,.NET Framework 公共语言运行时的支持。

2. IIS 是由微软公司提供的基于运行 Microsoft Windows 的互联网基本服务,是基于互联网的文件和应用程序服务器。

第　14　章

填空题

1. 图形设备接口　屏幕显示　打印输出　Graphics 对象

2. System. IO

选择题

1. A　　2. B　　3. C　　4. A　　5. B　　6. C　　7. D

操作题

1. `private void Form1_Paint(object sender, PaintEventArgs e)`

```
    {
        Graphics g=this.CreateGraphics();
        Pen myPen=new Pen(Color.Black);
        g.DrawLine(myPen, 10, 10, 60, 10);
        g.DrawLine(myPen, 10, 10, 10, 60);
        g.DrawRectangle(myPen, 10, 100, 50, 50);
        g.DrawEllipse(myPen, 100, 100, 50, 50);
        g.DrawPie(myPen, new Rectangle(100, 10, 50, 50), 0, 90);
    }

2. static void Main(string[] args)
    {

        string path=@"C:\Test1";
        string path2=@"C:\Test2";

        try
        {
        if(Directory.Exists(path))
            {
                Console.WriteLine("目录{0}已存在。",path);
                Directory.Delete(path);
                Console.WriteLine("目录{0}已被删除。",path);
            }
            else
                Console.WriteLine("目录{0}不存在。",path);

            DirectoryInfo di=Directory.CreateDirectory(path);
            di.Create();
            Console.WriteLine("目录{0}已创建。",path);
        }
        catch(Exception e)
        {
            Console.WriteLine("The process failed: {0}", e.ToString());
        }

        try
        {
            DirectoryInfo di=new DirectoryInfo(path2);
            if(di.Exists)
            {
                Console.WriteLine("目录{0}已存在。",path2);
                di.Delete();
                Console.WriteLine("目录{0}已被删除。",path2);
            }
```

```
            else
                Console.WriteLine("目录{0}不存在。",path2);
            di.Create();
            Console.WriteLine("目录{0}已创建。",path2);
        }
        catch(Exception e)
        {
            Console.WriteLine("The process failed: {0}", e.ToString());
        }
        finally { }
        Console.ReadLine();
    }

3.  static void Main(string[] args)
    {
        string path=@"Test1.txt";
        string path2=@"Test2.txt";

        try
        {
            if(File.Exists(path))
            {
                File.Delete(path);
            }
            using(FileStream fs=File.Create(path))
            {
                Byte[] info=new UTF8Encoding(true).GetBytes("Test1.txt");
                fs.Write(info, 0, info.Length);
            }
            using(StreamReader sr=File.OpenText(path))
            {
                string s="";
                while((s=sr.ReadLine()) !=null)
                {
                    Console.WriteLine(s);
                }
            }
            FileInfo fi=new FileInfo(path2);
            if(fi.Exists)
            {
                fi.Delete();
            }
            using(FileStream fs=fi.Create())
            {
                Byte[] info=new UTF8Encoding(true).GetBytes("Test2.txt");
```

```
        fs.Write(info, 0, info.Length);
    }
    using(StreamReader sr=fi.OpenText())
    {
        string s="";
        while((s=sr.ReadLine()) !=null)
        {
            Console.WriteLine(s);
        }
    }
}
catch(Exception Ex)
{
    Console.WriteLine(Ex.ToString());
}
Console.ReadLine();
}
```

简答题

1. Graphics 图形对象的创建方法分为三类：

接收对图形对象的引用,该对象为窗体或控件的 Paint 事件中 PaintEventArgs 的一部分。如果需要为控件创建绘制代码,可以使用该方法来获取对图形对象的引用。

调用某控件或窗体的 CreateGraphics 方法来获取对 Graphics 对象的引用,该对象表示该控件或窗体的绘图表面。如果需要在已存在的窗体或控件上绘图,可以使用该方法。

从 Image 类派生的对象创建 Graphics 对象。如果需要更改已存在的图像时,可以使用该方法。

2. GDI＋用笔绘图的步骤如下：

获取对将用于绘图的图形对象的引用；

创建将用于绘制线条的笔的实例；

设置笔的属性；

调用绘制形状的方法。

参 考 文 献

[1] Karli Watson,Christian Nagel. C♯入门经典(第5版). 齐立波,译. 北京：清华大学出版社,2010.

[2] 王东明,葛武滇. Visual C♯. NET 程序设计与应用开发. 北京：清华大学出版社,2008.

[3] 胡学钢. C♯应用开发与实践. 北京：人民邮电出版社,2012.

[4] 马骏. C♯程序设计教程(第3版). 北京：人民邮电出版社,2014.

[5] 内格尔(Christian Nagel),埃夫琴(Bill Evjen),Jay Glynn. C♯高级编程(第7版). 李铭,译. 北京：清华大学出版社,2010.

参考文献